추천사

"과학의 언어로 모든 생명을 꿰뚫다"

이정모 · 전 국립과천과학관장

인간에게만 언어가 있는 것은 아니다. 그러나 인간만이 모든 생명과 우주의 이치를 꿰뚫어 보고, 그 이해의 지평을 날마다 넓혀간다. 바로 과학의 힘이다. 과학 교사 안주현에게는 남들과는 다른 생명의 언어가 있다. 그는 이 언어로 학생들과 소통하며 탁월한 진학 실적을 올려 명성을 얻었다. 『생명의 언어들』은 학생은 물론 세상의 모든 이에게 들려주는 과학의 언어다. 교과서를 넘어선다. 낡은 사례를 되풀이하는 책이 아니다. 지금 과학의 현장에서 이뤄지는 첨단 연구, 특히 대한민국 과학자들의 생생한 모습을 통해 인간과 자연을 이해하게 한다. 단지 지식이 아니라 과학의 언어를 체득하게 하는 책이다.

"모든 생물은 자신만의 언어로 이야기한다"

김상욱 · 경희대학교 물리학과 교수, 『떨림과 울림』 저자

인간만이 언어를 가진 것은 아니다. 모든 생물은 자신만의 언어로 이야기한다. 다만 인간이 듣지 못하거나 듣고도 이해하지 못할 뿐이다. 생물학자 안주현은 자신만의 언어로 생명의 다양한 언어를 소개한다. 짧지만 깊고, 쉽지만 가볍지 않다. 빠른 호흡으로 한 꼭지씩 읽다 보면 어느새 신기한 생명의 세계에 푹 빠져버린 자신을 발견하게 될 것이다. 마지막 페이지를 넘길 때쯤이면 다른 생물의 언어를 조금은 이해하게 될지도 모른다. 당신을 생명의 세계로 이끌어 줄 작지만 알찬 책이다.

"과학이 이렇게 따뜻하게 다가올 수 있을까?"

항성 · 과학전문 유튜브 〈안될과학〉 과학 커뮤니케이터

과학이 이렇게 따뜻하게 다가올 수 있을까? 『생명의 언어들』은 생명과 자연을 바라보는 새로운 눈을 선사하는 책이다. 따스한 과학 커뮤니케이터이자 생명과학 전공자인 저자 안주현 선생님은 이 책에서 풍부한 해설력과 깊이 있는 통찰을 바탕으로 우리 주변의 생명 현상을 매혹적인 이야기로 풀어낸다. 이 책의

가장 큰 매력은 복잡한 과학적 개념을 누구나 이해할 수 있도록 친절하게 풀어내는 힘에 있다. 그리고 그 친절함 속에서도 전문적 깊이를 결코 놓치지 않는다. 책장을 넘길수록 '생명'이라는 말이 단순한 생물학적 현상을 넘어 끊임없는 상호작용과 소통의 과정임을 깨닫게 만든다.

책 속에서 우리는 거미줄 하나, 색소 한 방울, 고대 화석, 동물의 몸짓 속에 숨어 있는 '생명의 언어'를 발견하게 된다. 과학을 어렵게 느끼던 독자라도 이 책을 통해 자연스럽게 과학적 사고의 즐거움을 맛볼 수 있다.『생명의 언어들』은 과학을 사랑하는 모든 이들의 책장뿐만 아니라, 과학에 처음 다가서는 이들의 책장에도 놓일 자격이 충분하다.

생명
의
언어
들

프롤로그

보이지 않는 언어를 찾아서

아침입니다. 5분만 더 자고 싶다고 생각하고 잠시 눈을 감았다 떴을 뿐인데, 벌써 10분이 지났습니다. 이제는 정말 일어나야 한다고 생각하며 움직이는데 갑자기 뭔가 이상함을 느낍니다. 알람이 왜 안 울렸을까요? 이런… 주말이군요.

아직 소리 내어 한마디도 하지 않았는데 머릿속에서 이미 많은 대화를 한 기분입니다. 그래도 이왕 일어났으니 이제 이불 밖으로 나가봅시다.

햇살이 창문 틈새로 스며들고, 창밖 나무에는 새가 지저귀며 내려앉습니다. 창가에 놓인 식물은 며칠 새 은근슬쩍 잎을 더 뻗어서 이전보다 햇빛을 더 많이 받고 있네요. 수없이 모여 핀 꽃들 사이로 꿀벌이 분주하게 날아다니고, 개미들은 출근길 강변도로를 달리는 자동차들처럼 줄지어 바쁘게 이동합니다.

이쯤 되면 매일 아침 거대하고 분주한 수다의 장이 펼쳐지는 기분입니다. 인간의 언어는 하나도 없었는데도요.

자연에서 펼쳐지는 모든 소리와 움직임, 신호와 몸짓은 단순한 배경이 아닙니다. 생명의 언어는 세포에서 생물에 이르기까지, 자연에서, 우주에서 끊임없이 만들어지고 있습니다.

어디에서나 저마다의 방식으로 "안녕!", "저기 맛있는 먹이가 있어!", "곧 비가 올 거야!"라고 표현하고 있는 셈이지요. 만약 우리가 이런 생명의 언어를 해석하고 소통할 수 있다면 세상은 훨씬 더 시끌벅적하고 흥미진진한 곳이 될지도 모릅니다.

언어는 의사소통의 수단으로 사용되는 체계입니다. 하지만 보통 언어라고 하면 인간의 문자나 말의 형태로 된 것을 먼저 떠올리지요. 복잡한 언어를 사용한다는 것은 인류의 특징이기에 뿌듯하긴 하지만, 현생인류 이전에 존재했던 무수한 존재 간에 소통이 전혀 없었다는 것은 지나치게 인간 중심적인 생각 같기도 합니다. 40억 년 가까이 이어온 지구 생명의 역사에서 우리 호모 사피엔스*Homo sapiens*가 등장한 것은 고작 30만 년 전에 불과하니까요.

과거에도 현재에도 지구에는 수많은 생명체가 함께 살아가고 있지만, 우리는 종종 생명을 연결하는 가장 근원적인 언어의 존재를 잊거나 아예 존재조차 알지 못합니다. 우리의 감각으로 보거나 느낄 수 없는 경우가 많아서 당연할 수 있어요.

이 책 『생명의 언어들』은 바로 그 보이지 않지만, 세상 곳곳에서 사용되고 있는 생명의 언어를 과학적으로 풀어내고자 했습니다.

우리가 생명이라고 부르는 것은 단순히 세포가 분열하고 에너지와 물질을 대사하는 현상만을 의미하지 않습니다. 자연에서 일어나는 끊임없는 소통과 상호작용을 통해 오랜 세월 이어져 온 변화와 적응의 연속, 그로 인해 만들어진 다채로운 다양성이 세포에서 우주에 이르기까지 기록되어 있고, 지금도 생성되고 있거든요. 이 모든 순간에 생명의 언어는 존재하고 있습니다. 그래서 생명의 언어를 이해하고자 하는 노력은 생물학을 넘어 물리학, 화학, 지구와 우주과학, 공학 등 다양한 분야에서 이루어지고 있지요.

이 책에서는 공학이 자연을 모방해 만들어낸 기술 속에서, 물리학이 설명하는 우주의 질서 속에서, 미생물에서 실마리를 찾는 생명의 기원 속에서, 그리고 식물과 동물, 인간의 감정과 생태계의 조화 속에서 생명의 언어를 찾아보고자 했습니다.

각 장에서 생명의 언어가 어디에서 어떻게 서로를 비추며 함께 세상을 풍요롭게 만드는지 탐험하다 보면, 우리는 모두 각자의 언어로 세상과 대화하지만 결국은 하나의 거대한 생명의 언어로 연결되어 있다는 것을 알 수 있을 거예요. 이 책이 여러분에게 과학을 통해 세상을 바라보는 새로운 시선과, 익숙한 것들 속에서 낯선 흥미로움을 발견하는 기쁨을 선물하길 바랍니다.

이제, 생명의 언어를 찾는 여행을 시작해 볼까요?

여행을 시작하며,

안주현

추천사 • 004   프롤로그: 보이지 않는 언어를 찾아서 • 008

1부 경계를 넘어
생명과 과학의 대화

1장 공학이 들려주는 생명의 언어

- 딸기우유 #색 을 빚어낸 비밀, 천연색소 • 020
- 화학에서 대장균으로 이어진 #섬유 혁명, 나일론 • 026
- 물고기 떼의 움직임을 #모방 한 수중로봇 • 032
- 강철보다 질긴 #구조 설계, 거미와 거미줄 • 038

2장 물리가 들려주는 생명의 공식

- 몸속 #순환 을 읽어내는 혈압계 • 048
- #압력 으로 찾아낸 통증 줄이기, 안 아픈 주사 • 054
- #소리 로 소리를 지우다, 노이즈 캔슬링 • 063
- #열 을 조절하는 호랑이와 사막여우, 온도와 크기 • 069

3장 지구와 우주가 전하는 생명의 흔적

- #충돌 이 가져온 기회, 공룡과 소행성 • 078
- #호흡 이 밝힌 거대 잠자리의 비밀, 산소 • 085
- #생명 을 구하러 우주로 가다, 쥐와 의학연구 • 091
- 지구 #최후 의 날을 대비하는 금고, 시드볼트 • 098

CONTENTS

2부

내 몸속 생명 이야기

1장 감각이 전하는 신호

- `#자외선`을 막는 지혜, `멜라닌 색소` • 110
- 매운 `#자극`이 뜨겁고 아픈 이유, `피부감각` • 117
- 개구리와 내가 다른 `#설계`, `세포 죽음` • 125

2장 면역과 질병에 담긴 대화

- 콧물을 부르는 꽃가루 `#알레르기`, `돼지풀` • 132
- 돌이킬 수 없는 것에 `#도전`하는 연구, `폐암` • 139
- 면역 `#기억`을 무너뜨리는 바이러스, `홍역` • 145
- `#세균`을 막아내는 푸른 피, `투구게` • 152
- 기후변화로 삶이 바뀐 `#질병매개체`, `모기` • 158

3장 의학의 미래 — 다시 쓰는 생명

- DNA 구조를 넘어 `#편집`의 시대로, `유전자가위` • 166
- `#인공장기`의 미래, `오가노이드와 어셈블로이드` • 173
- `#만능` 혈액을 만드는 비밀, `혈액형과 수혈` • 182
- 세균을 `#공격`해 우리를 지키는 `바이러스` • 109

3부 생명의 다양성

생명과 떠나는 시간 여행

1장 생명의 기원과 인류의 기록

- 생명 `#탄생`의 비밀통로, `열수분출공` • 202
- 어디에나 사는 생명의 `#조상`, `박테리아` • 208
- `#똥` 화석에서 찾는 정보, `장내미생물` • 214
- `#고인류`의 예술이 전하는 숨결, `동굴벽화` • 220

2장 진화와 역사의 발자취

- 우리나라 중생대 파충류 `#화석`, `원시악어` • 230
- 자연의 `#변화`가 갈라놓은 생물, `지리적 격리` • 236
- 문명이 빚은 `#진화`, `품종개량` • 244
- `#육종`으로 이룬 배추의 무한 변신, `우장춘의 삼각형` • 253

CONTENTS

3장 식물과 동물이 건네는 이야기

- (#기후변화) 때문에 배탈 난 루돌프, 순록 • 260
- 나무를 보호하는 가을의 (#신호), 단풍 • 266
- (#유전)으로 탄생한 아름다움, 꽃의 색깔 • 273
- (#여름)의 울림, 매미 소리 • 280

4장 생물의 감정과 생태

- (#감정)을 표현하는 방법, 동물의 의사소통 • 288
- (#춤)으로 전하는 메시지, 꿀벌 • 295
- 생태계 (#교란)이 던지는 경고, 왕우렁이 • 301
- (#공존)을 위한 해답, 아이 카우 프로젝트 • 310

에필로그: 끝나지 않은 보물찾기 • 316

경계를 넘어

1 — 공학이 들려주는 생명의 언어
2 — 물리가 들려주는 생명의 공식
3 — 지구와 우주가 전하는 생명의 흔적

생명과 과학의 대화

1

1

공학이 들려주는
생명의 언어

딸기우유 #색을 빚어낸 비밀,
천연색소

곤충이나 식물에서 추출한 천연색소는
음식과 화장품 등에 오래전부터 쓰여왔고,
최근에는 미생물을 이용한 대량 생산 방법을 연구 중입니다.
작은 색소 한 방울 속에 깃든 과학·문화·역사적 흔적을 좇다 보면,
더 선명하고 안전한 색소를 찾으려는 인류의 노력이
고스란히 드러납니다.

 우리가 먹는 식품들은 저마다 여러 가지 색깔을 띠고 있습니다. 식품의 원료가 본래 색을 띠고 있다면 그 색깔이 식품에 나타나기도 하지만, 고유의 색깔이 없거나 옅은 경우에는 더욱 먹음직스럽게 보이도록 하기위해 색소를 첨가하기도 합니다. 이러한 색소는 자연물에서 얻을 수도 있고, 인공적으로 합성해서 만들어 낼 수도 있어요. 최근에는 한국과학기술원KAIST 연구팀이 식품과 화장품 분야에서 일반적으로 사용되는 붉은색 색소

성분인 카민carmine을 미생물에서 얻어낼 수 있는 연구에 성공해서 화제가 되기도 했지요. 다양한 색소들에는 어떤 것이 있을까요?

벌레에서 색소를 얻는다고?

색을 입히는 염색은 식품, 화장품, 의류 등 다양한 분야에서 이루어지고 있어요. 염색에 사용되는 색소는 어디에서 얻느냐에 따라 천연 또는 합성 색소로 나눌 수 있지요. 합성 색소는 색깔이 안정적으로 잘 입혀지고, 가격이 상대적으로 저렴하다는 장점 덕분에 널리 사용되고 있지만, 인체에 유해할 가능성이 여러 차례 제기됨에 따라 사람이 직접 먹는 식품의 경우 대부분 천연색소가 사용되고 있어요. 특히 식품에 쓰이려면 인체에 해가 없으면서도 식품을 가공하거나 유통하는 공정 중에 변색이나 변성 등으로 식품의 질을 손상하지 않아야 해서 더 신중하게 이용되어야 하지요. 천연색소는 원료에 따라 동물성, 식물성, 미생물성 색소로 나눌 수 있고, 천연물 자체에서 바로 얻는 것인지, 추가 가공 과정을 거쳐 만들어지는 것인지 등에 따라서도 다양하게 분류되고 있어요.

동물성 색소 중에서 가장 대표적인 것이 바로 붉은색을 내는 코치닐cochineal 색소입니다. 주성분의 이름인 카민이라고 부르기도 하지요. 카민은 고대 남미지역에서 오랫동안 이용되어 왔고, 16세기에 유럽으로 전해져 현재는 전 세계적으로 사용하는 대표적인 적색 색소입니다. 남미에는 200여 종이 넘는 다양한 선인장이 자생하는데, 그 선인장들에 기생하여 액즙을 빨아 먹는 연지벌레가 바로 카민을 제공하는 동물입니다. 연지벌레는 포식자들로부터 자신을 방어하기 위해 몸속에서 카민을 만들어 저장하고 있는데, 그 양이 건조 중량 기준으로 몸의 17~24%나 된다고 해요. 특히 암컷은 크기가 더 크고 날개가 없어서 카민 색소를 만드는 데에 주로 이용되고 있습니다. 선인장에 붙어 있는 연지벌레 암컷을 손으로 잡아 한데 모아서 삶거나 쪄 낸 다음 말려서 가루로 만들고, 붉은 색소를 추출하지요. 1킬로그램의 카민을 얻기 위해서는 8만~10만 마리의 연지벌레가 필요하다고 해요. 카민은 밝고 선명한 붉은색을 내는 천연색소이고, 멕시코 등 일부 지역에서만 얻을 수 있었기 때문에 16세기에는 왕족의 의상에만 사용될 정도로 귀한 취급을 받았습니다. 천연색소라는 장점 때문에 오늘날에는 딸기우유와 같이 붉은색을 내는 음료나 아이스크림, 사탕, 젤리, 햄, 게맛살 같은 식품이나 입술에 바르는 립스틱과 같은 화장품에도 널리 쓰이고, 직물을 염색할 때, 그리고 생물학 실험에서 세포를 염색할 때에도 이용되고 있어요.

이처럼 다양하게 사용되고 있는 카민이지만, 코치닐을 제공하는 연지벌레가 한정된 지역에서만 재배되고, 색소를 추출하는 과정 중에 벌레에서 나온 단백질 부산물이 포함되어 알레르기 유발원이 될 수 있다는 점, 벌레에서 나온 물질이라는 것에 대한 부정적인 인식 등과 같은 이유로 코치닐 색소를 꺼리는 현상이 곳곳에서 나타나고 있기도 해요. 실제로 1960년대 미국과 일본 등에서 코치닐 색소가 함유된 식품을 먹고 두드러기나 복통, 과민성 쇼크 등의 증상이 나타난 사례들이 보고되면서 세계보건기구WHO에서는 코치닐 색소가 사람에 따라 알레르기 반응을 일으킬 수 있으니 주의해야 한다고 권고했어요. 또한, 코치닐 색소를 사용해서 만든 음료를 파는 것에 대한 사람들의 항의 때문에 카민 사용을 중단하고 다른 천연색소를 대체해서 사용하는 업체들도 나타났지요.

그래서 과학과 공학적으로 코치닐의 단점을 해결하면서도 그만큼 선명하고 효과적인 붉은색을 내는 천연색소를 찾는 방법을 연구하기 시작했어요. 연지벌레가 아닌 다른 원료에서 카민을 얻을 수 있다면 연지벌레 때문에 생긴 문제들을 해결할 수 있지 않을까요? 그리하여 연지벌레를 사용하지 않고 카민을 생산해 내는 데에 성공한 연구 결과가 2021년 발표됩니다. 기존에 카민을 생산할 수 있다고 알려진 생물은 연지벌레와 일부 곰팡이밖에 없었는데 한국과학기술원 연구팀이 포도당을 원료로 하여 대장균에서 카민을 생산해 내는 방법을 개발한 것이었지요.

천연색소의 활용

*

코치닐 이외에도 다양한 색깔을 내는 천연색소들이 인류의 역사와 함께해 왔어요. 주변의 다양한 자연물들이 천연색소의 원료가 되었지요. 우리 조상들의 전통 결혼식에서 신부는 양 볼과 이마에 붉은색의 연지곤지를 찍었는데, 이때 사용한 원료는 국화과에 속하는 식물인 잇꽃*Carthamus tinctorius*이었다고 해요. 잇꽃은 노랗게 피었다가 점점 빨갛게 변해서 홍화紅花라는 한자 이름을 가지고 있습니다. 손톱을 붉게 물들일 때는 봉숭아를 이용했습니다. 봉숭아 꽃잎을 모아 으깨면 액포가 터져 색소가 나오는데, 다른 꽃에 비해 색소가 쉽게 빠져나오고, 색소 입자의 크기가 작아서 손톱을 구성하고 있는 단백질 성분인 케라틴 조직 사이로 쉽게 스며들 수 있어요. 이때 착색이 더 잘되게 하기 위해 괭이밥의 잎, 백반, 소금을 으깬 다음 봉숭아꽃과 함께 섞어 손톱을 감싸기도 했습니다. 괭이밥에 들어 있는 수산이 손톱을 연하게 하고, 백반이나 소금은 매염제의 역할을 해서 손톱에 색소 입자가 진하게 더 잘 스며들도록 돕는다고 합니다.

  요즘은 화학적으로 만든 염색약으로 머리카락을 염색하지만, 옛날에는 머리카락을 염색하는 데에도 천연색소를 이용했어요. 기원전 3000년경 고대 이집트에서는 검은 암소의 피와 거북이 등껍질, 선인장 열매와 다양한 식물, 헤나 등을 원료로 만든 즙으로 머리를 염색했다고 해요. 때로는 황토나 백토, 돌을 곱게 갈아만든 가루를 뿌려 머리 색깔을 바꾸기도 하고요. 우리나라의 경우 조선시대에는 머리를 검게 염색하기 위해 식물을 이용했다고 해요. 기름 두 되와 오디 한 되를 그늘진 처마 밑에 놓아두었다가 바르거나, 호두의 푸른 겉껍질을 깻잎과 함께 넣고 달여서 그 물로 머리를 감으면 머리카락이 검은색으로 염색되었다고 합니다. 손톱과 마찬가지로 머리카락도 단백질로 이루어져 있는데, 머리카락 표면의 단백질 사이로 색소 입자를 침투시켜 머리카락에 착색되도록 한 것이었지요.

  이 밖에도 적양배추, 당근, 토마토, 고추, 파프리카, 수박, 오미자(적색), 자색고구마, 포도(자색), 마리골드, 치자, 애기똥풀, 메밀(황색), 쪽藍(남색 또는 청색), 오징어 먹물(흑색), 코코아(갈색) 등 다양한 천연 색소들이 과거부터 지금까지 우리 생활 곳곳에 이용되고 있어요.

화학에서 대장균으로 이어진 #섬유 혁명,
나일론

화학으로 탄생한 합성섬유는 값싸고 대량생산이 가능해 산업 전반에 큰 영향을 끼쳤습니다. 최근에는 자원 부족과 환경 오염 문제에 대응하기 위해, 미생물에서 합성섬유 원료를 추출하는 방식이 새롭게 주목받고 있습니다.

나일론이나 폴리에스터(폴리에스테르)와 같은 합성섬유는 석유계 화학물질에서 얻은 원료로 만든다고 알려져 왔어요. 그런데 살아 있는 미생물에서 합성섬유의 원료를 얻는 방법에 관한 연구가 최근 국제학술지인《미국국립과학원회보PNAS》에 발표되었습니다. 화학적인 방법으로 합성되는 섬유를 생물체에서 만들어 내는 일이 어떻게 가능할까요?

천연섬유, 인조섬유, 합성섬유

*

섬유는 굉장히 가늘고 길며 쉽게 구부릴 수 있는 선 형태의 물질을 뜻해요. 매우 가느다란 실을 떠올리면 됩니다. 옷이나 가방 등을 만드는 직물의 원료가 되거나 각종 생활용품, 산업용품 등을 구성하는 원료로 쓰이기 때문에 일상에서 쉽게 접할 수 있지요. 섬유는 구성성분이나 가공방법에 따라 천연섬유와 인조섬유로 나눌 수 있어요. 천연섬유는 자연에서부터 섬유 형태로 생산하여 직접 이용할 수 있기 때문에 먼 옛날부터 인류의 역사와 함께해 왔어요. 어디에서 유래했는지에 따라 식물성 섬유, 동물성 섬유, 광물성 섬유로 나누기도 하고, 화학적 조성에 따라 셀룰로오스계 섬유, 단백질계 섬유, 광물질계 섬유로 구분하기도 하지요.

식물성 섬유는 물을 잘 흡수하고, 전기전도성이 높아 정전기가 잘 생기지 않으며, 열과 화학약품에 대한 안정성도 높다고 해요. 하지만 신축성이 적고 구김이 잘 생기는 단점도 있어요. 목화솜에서 추출한 면이나 삼에서 추출한 마가 대표적인 식물성 섬유에 속해요. 동물성 섬유도 물을 잘 흡수하지만, 식물성 섬유와 달리 구김이 잘 생기지 않고, 탄성회복력이 뛰어나면서도 질소 성분을 포함하고 있어 불에 잘 타지 않는다고 해요. 그러나 열과 물, 화학약품, 해충으로 인한 충해에 약하다는 단점이 있지요. 누에고치에서 추출한 견과 동물의 털로 만든 모가 동물성 섬유에 속해요. 광물성 섬유로는 석면이 대표적이에요.

인조섬유는 제조과정에서 화학적 방법을 사용하여 인공적으로 만들어 낸 섬유예요. 인조섬유도 성분이나 제조과정에 따라 재생섬유와 합성섬유 등 여러 가지로 나눌 수 있어요. 재생섬유는 천연이나 인조의 고분자물질을 녹여서 균일한 상태로 만든 후에 섬유 형태로 뽑아내서 만든 것인데, 목재펄프처럼 원래는 전혀 섬유의 모습이 아니거나 섬유 형태라도 이용이 어려운 고분자화합물을 원료로 사용한다고 해요. 나무나 종이, 면 조각 등을 화학적으로 녹여서 실로 뽑아내는 인견이 대표적이지요. 합성섬유는 인조섬유 중에서도 화학적 방법을 이용해 석유나 석탄 등에서 추출한 저분자를 고분자화합물로 합성하여 만드는 섬유예요. 1930년대에 세상에 알려져 현재까지도 널리 쓰이고 있는 나일론과 1950년대에 공업적으로 만들어진 폴리에스터가 대표적인 합성섬유이고, 일회용 마스크에 많이 쓰이고 있는 폴리프로필렌 또한 합성섬유의 일종이지요.

최초의 합성섬유, 나일론

✱

나일론은 상업적 생산에 성공한 최초의 합성섬유인 만큼 역사가 가장 오래되었어요. 1920년대 후반 미국의 화학공업회사인 듀폰DuPont은 당시 하버드대 화학과에 재직 중이던 월리스 캐러더스Wallace Carothers를 영입하여 자연에서 충분히 얻기 어려웠던 고무를 인공적으로 합성하는 방법을 연구합니다. 캐러더스 연구팀은 알코올과 산(카르복실산)을 결합하여 에스터ester를 여러 개 연결한 형태인 폴리에스터를 최초로 합성했고, 인조고무인 네오프렌Neoprene의 합성에도 성공합니다. 이 폴리에스터에서 가늘고 긴 실을 뽑아낼 수 있다는 것을 발견했어요. 이것을 이용하여 합성섬유 연구를 지속한 결과 산과 아민을 길게 연결한 고분자 아마이드 화합물인 폴리아마이드 섬유를 합성했으며, 여기에 석탄 부산물인 벤젠에서 얻은 아디프산을 반응시켜 중합체를 만드는 데 성공합니다. 듀폰 사는 여기에 '나일론'이라는 이름을 붙여 상업화했어요. 나일론은 처음에는 칫솔에 이용되었고, 이후 가볍고 질기면서도 마찰과 물 등에 강한 특성 때문에 의류, 생활용품, 산업용품, 군수용품 등 수많은 분야에서 널리 이용되기 시작했으며 현재까지도 대표적인 합성섬유로 알려져 있습니다.

미생물로 만드는 합성섬유

*

하지만 나일론으로 대표되는 합성섬유는 대부분 석유계 화학물질을 기반으로 인공적으로 합성하기 때문에 자원과 환경문제에서 자유로울 수 없고, 재생이 어렵다는 단점도 가지고 있어요. 그래서 최근에는 보다 친환경적인 방법으로 합성섬유를 제조하기 위한 연구가 이루어지고 있지요. 2020년 말, 한국과학기술원 연구팀은 미생물 균주를 이용해서 합성섬유의 원료를 고농도로 생산해 내는 데 성공해서 화제가 되었어요. 연구팀은 이전에도 대장균을 이용하여 합성섬유 제조에 중요한 화합물인 '글루타르산'을 생물학적으로 만들어 내는 데 이미 성공했었지만, 생산된 글루타르산의 농도가 낮다는 아쉬움이 있었어요. 그래서 최근 연구에서는 이를 개선하여 대장균 대신 코리네박테리움 글루타미쿰 *Corynebacterium glutamicum*이라는 세균을 이용해서 글루타르산 생산에 관련된 유전자를 새로 발견했습니다. 글루타르산을 만들어 내는 최적의 조건도 찾아내서 기존보다 1.17배 향상된 105.3g/L의 글루타르산 생산에 성공했다고 해요. 생물을 이용해서 친환경적인 방법으로 세계 최고 농도의 글루타르산을 생산해 냈다는 것도 뛰어난 점이지만, 이 시스템 대사공학 전략과 생화학적 기술을 개발했다는 점에서도 국제적으로 인정받고 있습니다. 즉 이런 생산 방식을 다른 화학물질의 생산에도 적용할 수 있다는 뜻이지요.

　합성섬유는 편리하고 질기며, 경제적으로 대량 생산할 수 있다는 등의 수많은 장점 때문에 현대사회 전반에 이용되고 있지만, 폐기 후 자연 분해에 너무 오랜 시간이 걸리고, 사용 과정에서 미세 플라스틱이 방출되거나 태울 경우 오염물질이 발생하는 등 환경문제의 원인이 되기도 해요. 2020년 6월 포르투갈 연구팀이 《환경과학과 기술Environmental Science & Technology》에 발표한 연구에 따르면 코로나바이러스 사태 이후 매달 이탈리아에서 소비되는 마스크의 수가 10억 개에 달한다고 해요. 이것을 전 세계 인구 78억 명으로 추산해 보면 1290억 개의 마스크가 사용되는 셈이라고 하니 어마어마하지요. 최근에는 이를 해결하기 위해 보다 빨리 분해 가능한 합성섬유를 개발하거나 재활용하는 방법들도 연구되고 있다고 합니다.

물고기 떼의 움직임을 #모방한
수중 로봇

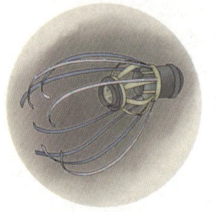

생물의 움직임을 구현해
복잡한 바닷속 환경에서도 효율적으로 작업하는
수중 로봇이 개발되고 있습니다.
물고기나 오징어를 모방한 로봇들이 해양생태계를 보호하는
새로운 역할을 할 것으로 기대합니다.

2020년 미국 대통령 선거에서 투표를 돕는 로봇이 등장하여 화제가 되었어요. 미국 캘리포니아주에서 사용된 이 로봇은 바퀴가 달려 있어 이리저리 돌아다니면서 투표소나 개표소 현장을 감독하거나 사람들의 일을 돕는 역할을 했다고 해요. 투표 도우미 로봇 덕분에 사람들 간의 거리두기를 지킬 수 있었고, 투표 과정도 확인할 수 있었지요. 이 밖에도 다양한 로봇들이 각 분야에서 도움을 주고 있습니다. 특히 우리의 일상에서는 볼 수 없지만, 인간이 손이 닿기 어려운 곳에서 연구에 도움을 주고 있는 로봇들도 있습니다. 이번에는 그중에서도 해양생태계 연구를 돕는 로봇에 대해 이야기해 볼까요.

물고기가 무리 지어 헤엄치는 이유는?

*

가을과 초겨울이 제철인 대표 어류에 고등어가 있습니다. 고등어는 태평양과 대서양을 비롯한 온대 및 아열대 수역에 폭넓게 분포하고, 우리나라의 경우 주로 제주도 근처에서 무리지어 생활하다 계절에 따라 이동해요. 고등어뿐만 아니라 다른 어종들도 떼를 지어 이동하기 때문에 서로 먹이 경쟁이 치열하다고 해요. 이렇게 어류들이 떼를 지어 생활하는 이유는 무엇일까요?

연구자들은 물고기들이 생활하는 환경적 특징과 다른 개체와의 상호작용 방식을 통해 그 이유를 찾으려고 했어요. 사람을 비롯한 육상생물들이 주로 공기 중에서 사는 것과 달리 물고기들은 물속에서 생활합니다. 물속에서 한 개체의 움직임은 주변의 흐름을 바꾸거나 소용돌이를 만드는 등의 변화를 일으키게 되고, 이러한 변화는 근처의 다른 개체들에 영향을 주게 되지요. 독일 막스플랑크 동물행동연구소를 비롯한 독일과 헝가리, 중국의 연구팀은 물고기들이 떼를 지어 행동하면 움직일 때 쓰는

에너지를 줄일 수 있다는 연구 결과를 2020년 국제학술지에 발표했어요. 연구팀은 물고기가 혼자 헤엄칠 때와 무리를 이루어 함께 움직일 때 각 개체에서 일어나는 에너지 소비 정도를 분석했어요.

그런데 실제로 헤엄치는 물고기의 에너지를 분석하는 것은 어렵기 때문에 물고기와 똑같이 움직이는 로봇을 만들어 실험에 이용했지요. 길이 45센티미터, 질량 800그램인 이 로봇물고기는 관절을 조절하는 모터가 부드러운 방수 재질의 고무로 싸여 있어서 실제 물고기의 움직임을 모방하여 헤엄칠 수 있어요. 연구팀은 로봇물고기를 혼자 또는 함께 유영시키면서 주변에 생긴 물의 소용돌이와 유체 상호작용을 염료와 레이저발생기 등을 이용하여 시각화했어요. 또한 앞에서 헤엄치는 개체(리더)와 뒤에서 헤엄치는 개체(팔로워) 간의 상대적 거리와 위치 등을 조절하면서 소모하는 에너지와 위상차를 1만 80번 반복 분석했다고 해요. 실험 결과 리더의 움직임으로 만들어진 소용돌이가 뒤쪽으로 흘러가고, 팔로워는 위치에 따라 이 소용돌이를 이용하여 혼자 헤엄칠 때보다 훨씬 적은 에너지로 유영할 수 있다는 것을 알아냈어요. 그리고 에너지 절약의 비밀이 리더와 팔로워 간 거리와 꼬리지느러미의 움직임에 있다는 결론을 내렸습니다. 팔로워는 리더와의 거리에 따라 자신의 꼬리지느러미를 리더에 의해 만들어진 소용돌이 흐름 방향에 일치시키는 '소용돌이 위상 일치 Vortex Phase Matching, VPM' 전략으로 조절해서 에너지를 아낄 수 있다는 것이지요.

이와 더불어 연구팀은 금붕어 *Carassius auratus* 들이 헤엄치는 모습을 분석하여 실제로도 VPM 전략을 사용하고 있음을 확인했어요. 각 물고기들이 소용돌이를 이용해서 유영하는 것은 그 집단 전체에도 영향을 줄 수 있기 때문에 어류 무리의 움직임을 분석하는 것은 생태연구는 물론 어업활동이나 수중 이동수단과 같은 산업관련 연구분야에서도 유용하게 활용될 수 있다고 해요.

산호초를 지키는 오징어 로봇

*

이번에는 바다 밑으로 내려가 볼까요? 아름다운 바닷속 모습을 떠올릴 때 항상 등장하는 것 중에 산호초가 있습니다. 산호초는 자포동물인 산호충에서 유래한 탄산칼슘이 쌓여서 만들어진 암초입니다. 작은 물고기들과 같은 다양한 해양 생물들에게 서식처를 제공하고, 바다 연안지역을 보호하는 등 생태계에서 매우 중요한 역할을 하고 있어요. 호주 북동해안에 위치한 세계 최대의 산호초 지대인 '그레이트 배리어 리프Great Barrier Reef'는 유네스코 세계자연유산으로 지정되어 있습니다. 그런데 최근 보고에 따르면 그레이트 배리어 리프의 산호초들이 해마다 급격하게 감소하고 있다고 해요. 기후변화로 인해 해수 온도가 높아져서 산호에 서식하던 조류藻類들이 죽어가고 있기 때문이지요. 산호초와 주변 생태계를 보호하기 위해서는 기후변화에 대비하는 한편 지속적으로 관찰하고 연구하는 것이 매우 중요해요. 그러려면 물 속의 산호초 주변에 직접 다가가서 연구하는 것도 필요한데요, 이전에는 사람이 직접 접근하기 힘든 바닷속 생태계 연구에 무인 잠수정을 이용해 왔지만, 산호와 주변의 작은 생물들은 충격에 민감하고 다치기 쉬워 근접연구가 어려웠습니다.

2020년 10월 미국 캘리포니아대학 연구팀은 이러한 문제를 해결하기 위해 오징어 모양의 소프트 로봇인 '스퀴드봇Squidbot'을 개발했어요. 소프트 로봇은 보통 유연하고 신축성 있는 재료를 활용해서 만들기 때문에 단단한 소재로 만든 로봇에 비해 움직임이 부드럽고, 형태 변화가 쉬운 것이 특징이지요. 스퀴드봇은 부드러운 표면을 가지고 있어 산호초 주변에 보다 섬세하게 접근할 수 있고, 내부에는 물을 빨아들인 후 분사할 수 있는 펌

프를 가지고 있어서 뒤로 물을 조금씩 뿜어내면서 이동할 수 있어요. 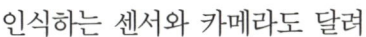 실험 결과 스퀴드봇은 1초에 18~32센티미터를 이동하고, 방향 전환도 쉽게 할 수 있으며, 주변 환경을 인식하는 센서와 카메라도 달려 있어 영상 촬영도 가능하다고 해요. 산호초를 지키는 오징어로봇의 활약이 기대됩니다.

강철보다 질긴 #구조 설계,
거미와 거미줄

거미줄은 강철보다 튼튼한 단백질 섬유와 독특한 구조로
오랜 세월 거미를 지켜왔습니다.
거미는 이 줄로 공간을 효율적으로 사용하고,
심지어 바람을 타고 이동하는 비행술까지 선보여
건축과 로봇공학에 영감을 주고 있습니다.

가을날 산책을 하다 보면 나무들 사이나 전깃줄 사이, 심지어 교통 표지판 사이 등 장소를 가리지 않고 유난히 자주 관찰되는 거미가 있습니다. 노란색과 검은색 줄무늬를 가지면서도, 배에는 빨간 무늬가 있어 화려한 겉모습을 자랑하는 무당거미*Argiope bruennichi*예요. 무당거미는 늦여름부터 가을까지 주로 활동하는데, 10월은 무당거미가 성숙하여 짝짓기가 이루어지는 시기이기 때문에 여기저기 커다란 거미줄을 펼쳐놓고 활동하는 모습을 많이 볼 수 있지요. 거미는 남극을 제외한 모든 대륙에서 발견되는데, 전 세계적으로는 2025년 기준 5만 3,000여 종에 달하는 거미가 있다고 해요. 이렇게 거미는 우리 가까이에서 오랫동안 함께 지내온 동물입니다. 주로 곤충을 먹이로 살아가고, 그 과정에서 해충도 제거하기 때문에 대표적인 익충으로 알려져 있습니다.

우리나라의 거미 화석

✳

　거미는 같은 절지동물에 속하는 곤충들과 비슷한 외모를 가지고 있어서 종종 곤충으로 오해받기도 하지만, 곤충강이 아니라 거미강에 속하는 동물이에요. 일반적인 곤충들이 대부분 2쌍의 날개, 3쌍의 다리, 머리-가슴-배로 구분되는 몸을 가진 것과는 달리, 거미는 4쌍의 다리와 머리가슴-배로 구분되는 몸을 가지고 있으며 날개는 없어요. 거미의 머리에는 먹이를 마취시키는 독을 보관하는 독샘이 있고, 거미줄을 만들어 내는 실샘과 거미줄을 뽑아내는 실젖은 복부에 자리 잡고 있는데, 진화 과정에서 점점 항문 쪽으로 이동했다고 해요.

　또한 곤충처럼 몸의 내부에는 뼈가 없고, 외골격이 있어 겉이 단단한 편이지만, 거미의 외골격은 곤충보다 얇아서 거미 화석은 곤충 화석보다 희귀하고, 특히 암석 중에서 발견되는 일은 정말 드문 것으로 알려져 있어요. 그런데 2008년 우리나라 경남 사천의 진주층 암석에서 2센티미터 크기의 거미 화석이 발견되어 화제가 됐어요. 이 거미 화석은 발견된 곳의 이름을 따서 '코레아라크네 진주*Korearachne jinju*'라고 명명되었답니다. 중생대 거미화석으로는 우리나라에서 처음 발견된 것이었습니다. 이후 그 가치를 인정받아 국제학술지인 《고생물학 저널 Journal of Paleontology》의 표지로 선정되기도 했지요.

거미가 날 수 있다고?

✳

암컷 거미는 짝짓기 이후 알집을 만들어 수십에서 수천 여 개에 달하는 알을 낳는다고 해요. 알집에서 겨울을 보낸 알에서 봄에 유충이 깨어나고, 유충이 자라서 성체 거미가 되지요. 그런데 거미줄을 치고 살아가는 거미들을 보면 대부분 독립적인 생활을 하는 것처럼 보여요. 그뿐만 아니라 흩어져 살아가는 거미들이 만든 거미줄이 있는 장소들을 보면 때로는 지지할 것도 없어 보이는 공중에 펼쳐져 있거나 저기까지 어떻게 갔을지 도무지 알 수 없는 곳들을 이어서 거미줄을 쳐두기도 한 것을 볼 수 있어요. 거미는 날개가 없어서 날지 못할 텐데 말입니다. 알집 속에 함께 있던 많은 형제자매 거미들은 어떻게 각자 흩어져 보기만 해도 아찔한 장소에까지 거미줄을 칠 수 있는 것일까요? 그 비밀은 거미의 유사비행 ballooning 에 있습니다.

    알집 안에서 부화한 어린 거미들은 1~2번 허물을 벗은 후에 알집을 찢고 밖으로 나와서 다른 지역으로 이동해요. 이때 이동하는 방식이 바로 유사비행인데요, 새끼 거미는 높은 곳으로 기어 올라가서 실젖을 비스듬하게 들어 올려 공중을 향하게 하고, 실을 길게 뽑아내요. 예인줄이라고 부르는 이 실이 바람을 받아 움직이게 되면, 거미는 그 바람을 타고 함께 이동할 수 있어요. 날개는 없지만 마치 비행을 하는 것처럼 이동하기 때문에 유사비행이라고 부릅니다. 알집에서 여기저기로 흩어질 때뿐만 아니라 거미줄을 치거나 이동할 때에도 유사비행을 통해 바람을 타고 이동하여 의외의 장소나 공중에 거미줄을 만들 수 있어요. 말단 실젖의 위치에 따른 거미의 종류마다 유사비행의 방식에는 조금 차이가 있는데, 원실젖거미류에 속하는 거미는 높은 곳에 붙어 바람이 불기 전에 거미줄을 길게 뽑아두어요. 바람이 심하게 불면 거미줄이 흔들리다가 끊어지게 되는데, 이때 끊어진 실을 타고 비행하다가 적당한 장소에 자리 잡습니다. 세실젖거미류의 거미들은 대부분 높은 곳에 올라가서 바람이 부는 쪽으로 거미줄을 뽑고, 길게 뽑아낸 거미줄이 바람에 날리면 그것을 잡고 비행해요. 그 밖에도 길게 뽑은 거미줄을 올가미 모양으로 만들었다가 바람을 타고 이동하는 거미들도 있습니다. 날개 없이도 바람을 이용하여 이동하는 모습이 마치 행글라이딩을 연상시키네요.

거미줄이 특별한 이유

*

거미줄은 이동뿐만 아니라 거미가 먹이를 잡고, 살아가는 생활 터전이 되기도 해요. 모든 거미는 실젖을 가지고 있어 단백질 성분의 줄을 만들어 낼 수 있고, 이것을 이용하여 그물이나 알주머니를 만들며 살아가요. 거미줄은 피브로인fibroin이라는 단백질로 이루어지는데, 실젖 내에서는 액체 상태로 있다가 실관을 통과하는 동안 단백질을 이루는 분자 구조가 변하면서 물에 녹지 않는 고체 상태의 거미줄로 바뀌어 밖으로 나온다고 알려져 있어요. 거미줄의 강도와 탄력성은 단백질 구조와 수분 함량에 의해 결정됩니다. 수분이 빠진 거미줄은 단단한 성질을 가지기 때문에 원래 길이보다 30% 이상 늘어나면 끊어지지만, 수분이 포함된 거미줄은 점성이 매우 높고 탄력성도 뛰어나 원래 길이보다 300% 이상 늘어날 수 있어요. 거미는 이런 성질을 이용해서 거미집의 기본 골격은 건조하고 딱딱한 거미줄로 만들고, 먹이를 잡는 줄은 수분을 포함하는 탄력적인 거미줄로 만든다고 해요.

이렇게 강하면서도 탄성이 뛰어난 특징 때문에 거미줄의 구조를 모방한 다양한 연구가 이루어졌습니다. 특히 지름이 3~8마이크로미터로 다른 섬유보다 굉장히 가늘면서도 튼튼하다는 것

도 큰 장점이었지요. 2015년 캐나다 연구팀은 거미줄을 이루는 단백질 구조를 본뜬 고분자 섬유를 만드는 데 성공했어요. 거미줄을 이루는 단백질은 스프링 모양으로 꼬여 있는데, 스프링을 이루는 코일 모양 구조들이 서로 결합하고 있는 방식에 착안했지요. 연구팀은 일정한 속도로 움직이는 판에 필라멘트 용액을 부어가며 필라멘트들이 거미줄처럼 스프링 구조로 결합하게 했어요. 이후 용매를 증발시키자 코일 구조 간에 결합이 만들어지면서 높은 강도를 지닌 섬유가 만들어졌다고 해요.

거미줄을 모방한 연구들

*

우리나라와 미국 공동연구진 역시 거미줄을 모사한 인공 생

체섬유를 개발하는 데 성공하여 그 결과를 국제학술지인 《네이처 커뮤니케이션즈Nature Communications》에 발표했어요. 한국과학기술원, 미국 매사추세츠공대MIT, 플로리다주립대, 터프츠대 공동 연구진은 기존의 인공 거미줄 생산 연구들의 실패 원인을 분석했습니다. 기존에는 박테리아 유전자에 거미줄 단백질을 삽입해서 섬유를 생산하는 방식이었는데 성공률이 낮아서 쉽 용화되지 못하고 있었지요. 그래서 연구팀은 컴퓨터 모델링 기술을 이용해서 거미줄이 거미의 실관을 통과할 때 액체에서 고체로 바뀌는 변화 과정을 연구했어요. 거미줄 단백질을 이루는 아미노산 사슬이 어떤 비율로 연결되어야 강도와 인장력이 높은 생체섬유를 합성할 수 있는지 밝혀낼 수 있었고, 또한 모델링으로 알아낸 단백질을 박테리아에 합성하여 실제 인공 거미줄을 만들어 내는 데 성공했답니다. 기존처럼 많은 시도를 해서 시행착오에 의존하는 방식이 아니라 미리 설계하여 제작하는 것이 가능해진 것이지요. 이렇게 만들어진 섬유는 생체 적합성도 가지고 있어 바이오메디컬 분야에서도 사용 가능할 것이라고 해요.

최근에는 미국의 바이오기업은 거미줄 유전자를 누에에 넣어 인공 거미줄을 대량 생산했다고 발표했어요. 이렇게 만든 인공 거미줄 섬유는 기존에 방탄복을 만드는 데 이용됐던 합성섬유인 케블라Kevlar보다 훨씬 강하면서도 부드럽다고 해요. 거미줄을 모방한 고분자 섬유는 이 밖에도 타이어, 항공기 엔진, 자동차와 선박 제조 등 다양한 분야에 쓰일 수 있습니다.

2020년에는 또 다른 인공 거미줄 연구가 국제학술지인 《사이언스 로보틱스Science Robotics》에 발표되었어요. 거미는 거미줄에 걸린 먹이의 진동을 감지하여 먹이를 포획하고, 오염물질이 거미줄에 걸린 경우에도 이를 감지하여 제거합니다. 자신의 몸보다 몇 배나 크고 무거운 먹이나 물질도 충분히 감당할 수 있을 정도로 거미줄의 접착력과 탄성이 뛰어나기 때문이지요. 서울대학교 연구팀은 거미줄의 이런 특성에 기반하여 전기 전도성과 신축성이 뛰어난 것으로 알려진 오가노젤에 실리콘을 입힌 섬유 소재를 만들고, 이것으로 방사형의 거미줄을 만들었어요. 그리고 이 거미줄에 강한 전기장을 걸어주어 자체 무게인 0.2그램보다 68배 무거운 물체를 물체를 잡아채어 이동시키는 데 성공했습니다. 연구팀이 만든 인공거미줄은 전기장을 이용하기 때문에 가까이 접근하는 물체를 감지하거나 벽 너머에 있는 물체도 감지할 수 있었고, 원래 길이보다 최대 3배까지 늘어나기 때문에 다양한 소재로 만들어진 무거운 물체들을 움직일 수 있었다고 해요. 이러한 기술은 떨어져 있는 물체를 인식하고, 미세손상 없이 정교하게 운반하는 등 다양한 분야에서 이용 가능하다고 합니다.

2

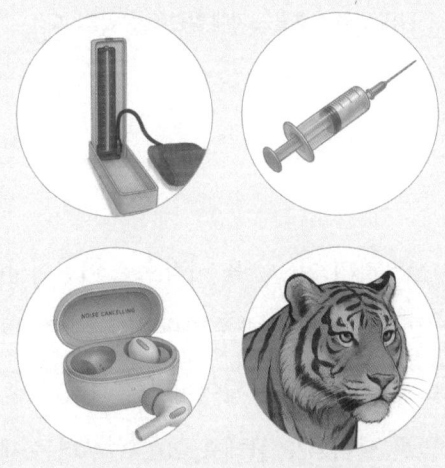

물리가 들려주는
생명의 공식

몸속 #순환을 읽어내는
혈압계

혈액순환은 산소와 영양, 노폐물을 운반하는
핵심적인 기능을 담당하고 있어서
건강 상태를 확인하는 중요한 지표가 됩니다.
혈압을 정확하게 측정하고 주기적으로 관리하면
건강의 위험 신호를 조기에 발견할 수 있습니다.

매년 5월은 근로자의 날(1일)을 시작으로 어린이날(5일), 어버이날(8일), 발명의 날(19일), 세계 측정의 날(20일) 등 다양한 기념일들이 있어요. 기념일이 많은 달이니만큼 가정의 달, 청소년의 달 등 별칭이 많은 달이기도 한데요, 2017년부터는 새로운 별칭이 하나 더 생겨서 이어져 오고 있습니다. 5월 17일이 세계 고혈압의 날인 것을 기념하여 5월을 '혈압 측정의 달'로 지정한 것이지요. 특히 최근에는 20~30대 고혈압 환자가 급증하고 있어 조기 진단과 치료의 필요성이 강조되고 있습니다.

순환계와 혈압

*

혈압에 관해 이야기하기 위해 우선 우리의 순환계를 살펴볼까요? 사람의 몸은 세포로 이루어져 있는데, 형태와 기능이 비슷한 세포들의 모임을 조직이라고 해요. 조직 여러 개가 모여 특정 형태를 이루고, 고유한 기능을 수행하게 되면 기관이라고 부르지요. 우리가 흔히 말하는 심장, 위, 폐 등이 대표적인 기관들이에요. 특정한 기능을 수행하기 위해 여러 기관이 모여 이루어진 체계는 기관계라고 부릅니다. 사람의 기관계에는 소화계, 순환계, 호흡계, 배설계, 신경계, 생식계, 내분비계, 면역계 등이 있어요.

순환계는 이름에서도 알 수 있듯이 우리 몸 안을 순환하면서 각 기관에 산소와 영양 등을 전달하고, 이산화탄소와 노폐물 등을 받아서 배설계나 호흡계 등으로 보내주는 역할을 해요. 순환계의 대표적인 기관으로는 심장과 혈관이 있습니다. 심장은 스스로 전기를 만들어 주기적으로 수축하고 이완하는 심장 박동을 일으킬 수 있어요. 심장이 이완할 때 폐에서 산소를 공급받은 혈액이 심장으로 들어오면 심장이 수축하면서 혈액이 뿜어져 온몸 구석구석으로 보내집니다. 근육질의 심장은 끊임없이 수축과 이완을 반복하는데, 일반적인 성인의 경우 안정된 상태일 때 분당 70~80회, 하루에 10만 회 정도 박동한다고 해요. 가슴에 가만히 손을 얹어보면 심장 박동이 느껴지기도 하지만 손목이나 목에서도 맥박이 느껴지지요.

심장 박동 상태를 더 정확하게 알기 위해서는 심장에서 뿜어진 혈액이 혈관을 통해 이동할 때 동맥혈관 벽에 가하는 압력인 혈압을 측정합니다. 혈압은 심장 박동에 따라 주기적으로 변화하는데, 심장이 수축할 때 벽에 가해지는 압력이 가장 크기 때문에 최고혈압이 나타나고, 이완기에는 최저혈압이 나타나요. 보통 성인의 경우 최고혈압 120mmHg(수은주밀리미터) 이하, 최저혈압 80mmHg 이상이면 정상 혈압이라고 판단합니다. 혈압이 정상 범위보다 높게 나타나는 경우를 고혈압이라고 하고, 낮은 경우를 저혈압이라고 해요. 하지만 높다고 무조건 고혈압은 아니고, 정상 기준으로 높은 정도에 따라 주의 혈압, 고혈압 전단계, 고혈압 1기, 고혈압 2기로 분류합니다. 또 나이, 인종, 성별, 건강 또는 감정 상태, 근육의 활성 정도 등

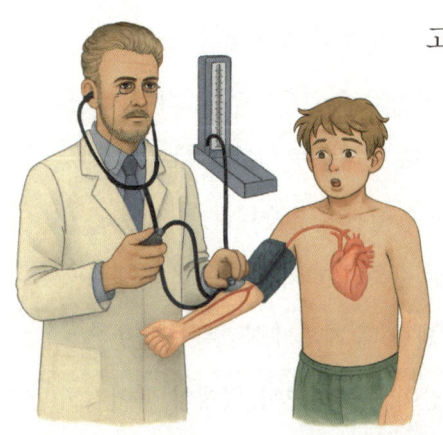

에 따라 차이가 있고, 같은 사람이라도 어떤 조건에서 측정했는지에 따라 다르게 측정될 수 있어서 안정된 상태에서 반복 측정하는 것이 권장되고 있어요. 미국의 경우 2017년 최고혈압 130mmHg, 최저혈압 80mmHg 이상인 경우를 고혈압으로 정의하였으나, 우리나라는 2018년 대한고혈압학회에서 정의한 최고혈압 140mmHg, 최저혈압 90mmHg을 기준으로 사용하고 있습니다.

혈압계의 탄생

*

1905년 러시아의 군의관이었던 니콜라이 코로트코프Nikolai Korotkoff는 당시 수은혈압계와 청진기를 이용해 혈압을 측정하는 방법을 고안했습니다. 팔 윗부분에 커프를 감아서 동맥을 압박하면 일시적으로 혈액의 흐름을 막을 수 있습니다. 이렇게 흐름을 막았다가 압력을 서서히 풀면 혈액이 소용돌이치며 흐르는데, 이때 들리는 소리를 청진기로 포착해 혈압을 읽었지요. 최초로 소리가 들린 시점의 압력을 수축기 혈압으로, 소리가 사라진 지점을 이완기 혈압으로 기록했습니다. 지금도 혈압의 단위로 쓰이는 mmHg는 바로 수은Hg에서 유래한 단위입니다. 그리고 그 소리는 '코로트코프음Korotkoff sounds'이라고 부르게 되었답니다. 이렇게 청진기로 코로트코프음을 들으며 혈압을 측정하는 방식을 청진법이라고 해요.

그후로 오랫동안 전 세계에서 혈압 측정에 이용되어 온 수은혈압계는 위기를 맞게 됩니다. 바로 혈압계 내부에 쓰이는 수은 때문이에요. 1956년 일본 미나마타에서 수은중독으로 인한 대규모 환자와 사망자가 발생한 이후 수은 사용에 대해 국제적으로 큰 문제가 제기되었거든요. 이를 계기로 2013년 10월 유엔 환경계획에서 '수은에 관한 미나마타 협약'이 채택되었고, 우리나라를 비롯한 114개 국가가 비준을 완료했지요. 그리고 2017년 8월 16일에 정식으로 발효되었습니다. 협약에 따르면 2020년 이후 수은을 사용하는 제품들의 제조, 수출, 수입이 금지되는데, 수은혈압계도 바로 여기에 해당되기 때문에 더 이상 사용할 수 없어요.

지난 몇 년간 수은을 사용하지 않고 혈압을 측정하는 기기와 방법들이 개발되었지만, 수동으로 측정하는 방식의 수은혈압계의 정확성을 따라갈 수 없었어요. 그래서 혈압측정장치의 표준적인 위치를 지켜온 수은혈압계를 완벽하게 대체할 수는 없을 것이라는 우려가 있었습니다. 2017년 11월

대한고혈압학회가 발표한 '수은혈압계 이후의 혈압계 이용 지침'에 따르면 현재까지 개발된 방식 중에서 기존 방식과 비슷하면서도 정확도가 높은 방법으로 전자식 압력계와 청진기를 이용한 혈압측정을 권장한다고 해요. 전자혈압계는 소리가 아니라 혈관에서 발생하는 박동의 크기를 이용해서 수축기와 이완기 혈압을 산출하는 방식이에요.

스마트기기로 재는 혈압

최근에는 휴대폰이나 시계, 스마트기기를 이용해서 손쉽게 혈압을 측정할 수도 있습니다. 스마트워치나 스마트밴드에서 나오는 LED 빛을 손목에 비추면, 동맥을 지나는 혈액량을 센서로 측정하는 방식이 대표적이에요. 하지만 모든 측정 장비가 그렇듯 측정오류를 줄이고 결과의 정확도를 높이기 위해서는 영점 조정과 주기적인 교정과 관리가 필요하겠지요. 또한 전문 의료 장비에 비해 정확하지 못할 가능성도 있기 때문에 정기적인 건강검진을 통해 혈압을 정확하게 측정하고, 이상 증상이 있는 경우에는 반드시 병원을 방문하여 진료받는 것이 필요합니다.

#압력으로 찾아낸 통증 줄이기, 안 아픈 주사

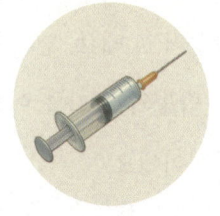

주사기는 체내에 약물을 효과적으로 전달하지만,
날카로운 바늘 때문에 두렵기도 합니다.
통증을 줄이면서 약물을 주입할 수 있는 방법들이 개발되면서
'안 아픈 주사'라는 목표에 한 걸음씩 다가서고 있습니다.

코로나바이러스감염증-19와 같은 전염병이 유행하면 많은 사람들이 백신을 접종합니다. 백신은 코로나 이전에도 다양한 질병으로부터 인류의 건강지킴이 역할을 해오고 있었어요. 질병관리청에서 제시하는 표준예방접종일정표에 따르면 출생 후 12개월 이내에 결핵, B형 간염, 디프테리아 등의 백신을 여러 차례 맞도록 하고 있고, 그 이후에도 성인에 이르기까지 다양한 질병이나 병원체에 대한 백신을 맞도록 권고하고 있습니다. 백신

은 인위적으로 약독화시킨 병원체나 그 일부를 감염 전에 미리 체내에 주입해서 인체의 면역체계에 기억시켰다가, 이후 해당 병원체가 실제로 들어오면 빠르게 면역 체계를 가동하도록 해요. 백신이 제 역할을 할 수 있도록 체내에 주입하는 주된 도구가 바로 주사기입니다. 의약품이 체내에서 작용하도록 하는 방법은 약을 먹거나 바르는 등 여러 가지가 있지만, 주사는 약효를 빠르게 나타내는 대표적인 전달 방식으로 알려져 있어요.

주사기는 누가 발명했을까?

＊

주사기가 발명되기 전인 17세기 이전에는 약물을 투여하기 위해 뼈나 은, 백랍으로 만든 요도 주사기가 쓰였다고 해요. 혈관에 약물을 주입하는 것은 영국의 건축가이자 천문학자이며 해부학자인 크리스토퍼 렌 Christopher Wren 경이 깃털 펜을 절단해서 만든 튜브로 개의 혈류에 약물을 주입했다는 기록이 있습니다. 하지만 물집이 생기는 등의 부작용이 나타났다고 해요. 1844년 아일랜드 내과 의사인 프랜시스 라인드 Francis Rynd가 속이 비어 있는 관 형태의 바늘을 발명했고, 1853년 프랑스의 외과 의사 샤를 프라바츠 Charles Pravaz와 스코틀랜드 내과 의사 알렉산더 우드 Alexander Wood가 이것을 이용한 주사기를 만들어 사용했어요. 주사기 발명 전에는 환자에게 약물을 투여하기 위해 피부를 절개한 다음 그 속으로 약물을 넣어주어야 했는데, 주사기 덕분에 피부를 자르지 않고도 약물을 체내로 집어넣는 것이 가능하게 되었지요. 뇌동맥의 출혈을 치료하기 위해서는 혈액 응고 약품을 정확하게 투약해야 하는데, 프라바츠는 주사기를 이용해서 이를 해결했어요. 우드는 여기서 한발 더 나아가 눈금을 추가한 유리 주사기를 만들었어요. 유리로 되어 있어서 약물이 몸 안에 들어가는 것을 시각적으로 확인할 수 있었고, 눈금으로 정확한 투여향을 측정할 수 있었습니다. 1950년대에는 주사바늘을 반복 사용하면 오염과 감염이 일어날 수 있다는 것이 알려지면서 일회용 주사기가 개발되었다고 해요. 이러한 노력 덕분에 주사 치료의 부작용이 줄어들고, 주사기의 형태도 개선되어 오늘날에 이르게 되었어요. 현재는 감염 예방을 위해 일회용 주사용품은 한 번만 사용하고 바로 버리도록 하는 규정이 2016년 의료법에 명시되어 시행되고 있어요.

주사 공포증

주사기는 액체로 된 약물이나 수액 등을 체내에 주입하거나 피검사나 헌혈 등의 목적으로 피를 뽑을 때 주로 사용하는 도구이기 때문에 액체 형태의 약물이나 혈액 등이 담길 수 있는 겉통(주사통)과 피부를 통과해 체내로 들어갈 주삿바늘로 이루어져 있어요. 겉통의 한쪽 끝에는 루어록팁이 있어 이 부분에 바늘을 연결하고, 겉통의 다른 쪽에는 손으로 누르거나 당겨 내부 압력을 변화시키는 역할을 하는 밀대(플런저)를 끼워서 사용합니다. 밀대를 바늘 쪽으로 누르면 겉통 안에 담겨 있는 액체나 공기가 바늘을 통해 밖으로 빠져나가고, 반대로 밀대를 당기면 외부에 있는 액체나 공기를 겉통 안으로 빨아들일 수 있지요.

보통 주사라고 하면 뾰족한 바늘 끝을 떠올리게 됩니다. 가느다란 원통형의 주삿바늘 끝이 뾰족한 이유는 비스듬하게 사선으로 잘려진 모양이기 때문이에요. 이 부분을 침선bevel이라 부릅니다. 그 덕분에 액체를 주입하거나 빼낼 때 찔러 넣기 쉽지만, 그래서 주사는 공포의 대상이 되기도 합니다. 어린이뿐만 아니라 어른들도 주사에 대한 공포증을 갖고 있는 경우가 있는데, 실제로 주삿바늘에 대한 두려움 때문에 예방접종에 대해 부정적인 생각을 갖거나 거부하는 사람들이 있음이 미국과 유럽 등 세계 각국의 연구에서 여러 차례 조사된 바 있어요. 미국 미시간대학교의 로저스Mary Rogers 박사 연구팀이 1947년부터 2017년까지 학술지에 발표된 주삿바늘공포증 관련 119개의 연구들을 메타분석한 결과 조사 대상 어린이와 청소년의 20~50%, 청년의 20~30%가 바늘에 대한 두려움이나 바늘공포증을 가지고 있는 것으로 나타났으며, 성인 환자의 16%는 바늘공포로 인해 인플루엔자 접종을 거부하기도 했다고 해요.

바늘 없는 주사기

*

주사는 체내로 약물을 신속하게 주입하여 다른 방법에 비해 빠르게 약효를 나타낼 수 있다는 장점이 있습니다. 하지만 바늘에 대한 두려움 때문에 주사를 거부한다면 질병의 치료나 예방에 문제가 생길 수 있겠죠. 이를 해결하기 위해서는 바늘에 대한 공포를 줄일 수 있는 심리적인 처방을 할 수도 있겠지만, 근본적으로 바늘 없는 주사를 개발하기 위한 다양한 연구들이 계속되어 오고 있어요.

바늘 없이 체내에 약물을 침투하는 아이디어의 기록은 1866년으로 거슬러 올라갑니다. 프랑스의 장 살레스 지롱Jean Sales-Girons 박사는 고압으로 물이나 약을 쏴서 피부에 침투시킬 수 있는 제트 인젝터Jet injector를 발명하여 1866년 국립의학 아카데미에서 발표했어요. 이러한 제트 인젝터 방식은 이후 여러 차례 임상에 도입되고, 개선을 거치면서 1950~1960년대에는 천연두를 비롯한 질병에 대한 대량 백신 접종에 이용되었어요. 1966년에는 휴대용 제트 인젝터가 개발되어 아프리카에서 천연두의 근절에 기여하여 "평화의 총 la pistola de la paz (Peace Guns)"이라고 불리기도 했습니다. 약물을 고압으로 분사하여 약물을 주입하는 이런 방식은 바늘 없이 대량 접종 가능하다는 장점이 있었지만, 강하게 분사된 약물이 고속으로 피부에 닿으면서 주변으로 되튀어나오는 기류에 혈액이나 체액, 세균 등이 섞여 나와 인젝터의 노즐이 오염될 수 있다는 위험이 있었어요. 오염된 노즐을 계속 이용할 경우 다음 분사에 이 오염물질이 함께 분사되고, 감염된 혈액이나 바이러스가 전파되어 교차감염이 일어날 수 있다는 것이 밝혀졌습니다. 또한 분사 압력이나 환자의 피부 상태에 따라 약물이 주입되는 깊이나 양이 달라질 수 있다는 문제도 있었어요.

 2011년에는 서울대학교 연구팀이 로켓발사원리를 이용한 바늘 없는 레이저 제트 주사기를 개발하여 미국 물리학회의《응용물리저널 Journal of Applied Physics》에 발표하였고, 2017년에는 이 주사기를 이용하여 통증 없이 소량을 약물을 반복 주입하는 데에 성공하기도 했어요. 연구팀이 개발한 주사 장치는 머리카락 한 가닥 정도 굵기의 구멍을 통해 약물을 초당 150미터의 속도로 일정하게 반복 분사할 수 있는데, 분사되는 약물 줄기가 매우 가늘어 신경을 거의 건드리지 않기 때문에 통증도 거의 없다고 해요.

미세해서 안 아픈 마이크로 니들

바늘은 있지만 우리 눈에 거의 보이지 않도록 반창고 같은 패치 형태로 만들어서 이용하는 방법도 연구되고 있어요. 1998년 미국 조지아공과대학교 연구팀은 체내로 약물을 전달하기 위한 새로운 방법으로 마이크로니들Microneedles을 개발하여 발표했어요. 마이크로니들은 50~900마이크로미터(μm) 정도로 미세한 바늘을 이용해 체내로 약물을 주입하기 위해 만들어졌어요. 바늘의 길이가 짧기 때문에 보통 주삿바늘과는 달리 혈관이 아니라 피부 가장 바깥쪽의 각질층과 바로 아래에 있는 표피층을 통과하여 다양한 면역세포들이 존재하는 진피층에 약물을 전달하는 용도로 사용할 수 있지요. 바늘이 미세해서 피부에 자극이나 통증이 거의 없고, 사용하는 바늘의 재료나 형태, 배열 방법에 따라 다양한 용도로 만들 수 있기 때문에 의료분야뿐만 아니라 미용 분야에도 이용할 수 있다고 해요. 현재까지 개발된 마이크로니들의 종류는 약물 투입 방식에 따라 크게 네 가지로 나누어져요. 솔리드 마이크로니들은 마이크로니들로 피부에 미세한 구멍들을 만들고, 그 구멍에 약물을 흡수시키는 방법이에요. 간단한 방식처럼 보이지만, 흡수되는 약물의 양을 정확히 조절하기 어렵하고 합니다. 코팅 마이크로니들은 바늘의 표면에 약물을 코팅해서 피부에 접종하면, 코팅된 약물이 피부 내에서 용해되어 체내로 전달되는 방식인데, 보통 금속 재질의 니들이 사용되어 가능하다고 해요. 하지만 한 번에 탑재할 수 있는 약물의 양이 적어 사용할 수 있는 약물의 종류에 한계가 있다고 합니다. 용융 마이크로니들은 아예 바늘 자체를 생분해성 폴리머나 설탕류에 약물을 섞어서 만들어요. 그래서 접종 후 피부 내에서 약물과 바늘이 완전히 용해되도록 하는 방식입니다. 이 방식은 접종 후 다른 처치가 필요 없다는 장점이 있지만, 많은 약물의 전달은 어렵다는 단점도 있다고 해요. 마지막으로 할로우 마이크로니들은 속이 빈 상태의 니들을 피부에 대고, 접종할 때 약물을 주입하는 방식이에요. 기존 주사기 방식과 가장 비슷한 형태로 많은 양을 주입할 수 있다는 장점은 있지만, 제조과정이 복잡하고 다른 종류의 마이크로니들에 비해 통증이 큰 단점이 있지요.

　마이크로니들은 처음 개발되었던 1998년 이후 의약학이나 생물학뿐만 아니라 화학공학, 재료공학, 기계공학, 전자공학 등 다양한 분야들에서 활발하게 연구되고 있습니다. 많은 연구진들이 바늘 공포 없는 안 아픈 주사의 개발을 위해 노력하고 있으니 언젠가는 주사 공포 때문에 백신 접종을 꺼리는 일이 사라지기를 기대해 봅니다.

#소리로 소리를 지우다,
노이즈 캔슬링

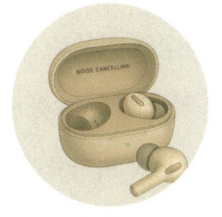

파동의 상쇄간섭 원리를 이용해서
원하는 소리만 선명하게 들려주는 기술이 노이즈 캔슬링입니다.
노이즈 캔슬링은 이어폰이나 헤드폰 같은
음향기기에 널리 쓰일 뿐 아니라,
소음이 심한 다양한 산업 현장에서도
근로자의 청각을 보호하는 데 활용되고 있습니다.

이동 중에도 스마트폰이나 음향기기를 이용해서 동영상이나 음악을 보고 들을 수 있습니다. 만약 주변의 소음을 줄일 수 있다면 시끄러운 환경에서도 내가 원하는 영상과 음악의 소리를 잘 들을 수 있겠지요. 이런 생각을 가능하게 해주는 것이 바로 노이즈 캔슬링 기술입니다. 소음을 줄여준다는 노이즈 캔슬링은 어떻게 가능한 것일까요?

우리는 어떻게 소리를 들을까?

사람은 소리를 귀로 듣는다고 표현하지만, 사실 우리가 소리를 들을 수 있는 것은 단순히 외부로 보이는 귀 때문만은 아니에요. 소리는 귓바퀴와 귓구멍 안쪽 통로인 외이도, 고막, 귓속뼈를 차례로 거쳐 달팽이관에 다다르게 되고, 달팽이관 내부의 청각세포가 이를 감지하여 청각신경을 통해 대뇌로 전달하게 됩니다. 소리는 공기의 진동인데, 소리가 나는 음원에서 파동이 발생하면 공기를 통해 전달되어 우리의 귀로 들어오는 것이지요. 이때 진동 때문에 공기 입자들이 교란되면서 부분적으로 압력이 높은 곳과 낮은 곳이 나타나고, 압력 차에 의해 압력이 높은 곳에서 압력이 낮은 곳으로 공기 입자가 이동하게 되어 소리가 퍼져나가게 됩니다. 깔때기 형태의 귓바퀴는 소리를 외이도로 모으는 역할을 하고, 고막은 얇은 막으로 되어 있어서 외이도를 지나온 소리 때문에 진동하게 돼요. 고막의 진동은 생김새 때문에 망치뼈, 등자뼈, 모루뼈라고 이름 붙여진 3개의 작은 뼈로 된 귓속뼈로 전달됩니다. 이 작은 뼈들은 고막에서 전달받은 진동을 증폭시켜서 달팽이관으로 보내는 역할을 하지요.

소리는 파동이다!

*

매질을 통해 에너지가 전달되는 현상을 파동이라고 합니다. 어떤 음원에서 소리가 발생하면 공기나 물 등 공간을 채우고 있는 매질에서 파동의 형태로 퍼져나가게 되는데, 이것을 음파라고 하지요. 파동은 매질의 진동 방향과 에너지 진행 방향에 따라 서로 수직이면 횡파, 방향이 나란하면 종파로 구분할 수 있는데, 음파는 종파에 해당합니다.

주기적인 파동을 시각적인 그래프로 표현했을 때 파동의 가장 높은 부분을 마루, 가장 낮은 부분은 골이라고 부르며, 마루에서 다음 마루까지 또는 골에서 다음 골까지를 파장이라고 표현합니다. 즉 파장은 파동이 이동한 거리로 나타낼 수 있어요. 또한, 파동이 1초 동안 진동한 횟수를 진동수라 하고, 단위는 헤르츠Hz로 나타내지요. 사람이 들을 수 있는 가청주파수는 약 20~2만 헤르츠이고, 20 헤르츠 이하는 초저주파, 2만 헤르츠 이상은 초음파라고 합니다.

길을 걸으며 들려오는 소리는 대부분 한 가지 이상인 경우가 많습니다. 지나가는 사람들의 대화 소리, 자동차 소리, 바람 소리 등 다양한 소리가 동시에 발생하게 되지요. 그러면 음파끼리 서로 충돌하는 일도 일어날까요? 서로 다른 음파가 만났을 때 어떤 일이 일어날까요? 각자 진행하던 파동이 만나 서로 겹치는 경우 진폭에 변화가 생기는 '간섭' 현상이 일어납니다.

  2개 이상의 음파가 동시에 존재할 때 두 음파의 상호작용, 즉 두 음파의 마루와 마루가 겹쳐 보강되거나 마루와 골이 겹쳐 소멸되는 현상을 간섭이라 하며, 이에 의해 새로운 합성 음파가 생성됩니다. 간섭은 두 가지 형태가 있는데, 서로 만나서 진폭이 커지는 경우를 보강간섭이라 하고, 만나서 진폭이 감소하는 경우를 상쇄간섭이라고 합니다. 위상과 진폭, 진동수가 어떤 음파가 만나느냐에 따라 그 결과로 생성되는 음파의 진폭이 달라지지요. 진폭이 크면 소리가 크고, 진폭이 작으면 소리의 크기도 작아지게 됩니다.

소음만 없애주는 노이즈캔슬링

*

  시끄러운 소리들이 들리는 곳에서 이어폰으로 음악을 듣는 상황을 생각해 볼까요? 아무리 내 전자기기의 음량을 키워도 외부 소리가 너무 크면 음악 소리가 잘 들리지 않지요. 이런 문제를 해결하기 위해 개발된 것이 바로 노이즈 캔슬링 기술 또는 소음 감소 기술이에요. 소음을 감지하고, 그 소음에 상쇄간섭을 일으킬 수 있는 음파를 발생시켜 소음을 차단하는 기술입니다. 대표적으로 이어폰이나 헤드폰 등의 음향 관련 기기에 널리 사용되고 있어요.

 노이즈 캔슬링 방식이 적용된 이어폰은 내부에 작은 마이크가 들어 있어서 이어폰에서 나는 소리가 아닌 외부에서 유입된 소리를 감지하고, 소음과 진동수 및 진폭은 유사하지만 위상이 정반대인 음파를 만들어 냅니다. 그러면 소음은 만들어진 음파 때문에 상쇄간섭이 일어나 크기가 줄어들게 되기 때문에 본래 이어폰에서 나오는 음악 소리가 상대적으로 선명하게 들릴 수 있겠지요. 따라서 노이즈 캔슬링 이어폰 내부에는 마이크를 비롯하여 음파를 받고 내보낼 수 있는 회로와 스피커, 노이즈 캔슬링 기능의 작동에 필요한 전류를 공급해 주는 배터리 등의 내부 장치가 필요하지요.

노이즈 캔슬링 기술의 이용

*

 노이즈 캔슬링 기술은 이어폰 등의 음향기기뿐만 아니라 다양한 분야에서 이용될 수 있어요. 예를 들어 가수가 부른 노래에서 반주 음원의 위상을 정반대로 바꿔서 라이브 음원과 함께 재생시키면 가수의 목소리만 남기고 반주를 제거할 수 있어요. 실내 공간이나 대중교통 내부, 집중력을 요하는 전문분야 등 소음의 제거가 필요한 상황에 다양하게 적용할 수 있지요. 하지만 소리의 특성에 따라서 소음 제거가 쉬운 소리가 있고, 제거가 어려운 소리도 있다고 해요. 반대 음파를 만들어 내기 쉬울수록 소음 제거도 쉬운데, 현재의 기술로는 반복적인 중저음의 경우 가장 효과적으로 제거가 가능하고, 파장이 일정하지 않거나 짧은 고음의 경우는 상대적으로 제거에 어려움이 있다고 해요. 하지만 소음문제 해결을 위해 지금도 연구가 계속되고 있으니 언젠가 노이즈 캔슬링 기술을 이용해서 층간소음 문제도 해결할 수 있지 않을까요?

현재 주로 사용되고 있는 노이즈 캔슬링 이어폰의 경우 소음 제거 방식에 따라 두 종류로 나눌 수 있는데, 하나는 액티브 노이즈 캔슬링 방법이고, 다른 하나는 패시브 노이즈 캔슬링 방법이에요. 액티브 방식은 앞에서 설명한 상쇄간섭을 이용하는 것이고, 패시브 방식은 이어팁이나 이어패드 등 흡음재를 이용하거나 이어폰을 외이도에 최대한 압착시켜 소음이 아예 귀에 들어올 수 없도록 차폐하는 방식입니다.

#열을 조절하는 호랑이와 사막여우,
온도와 크기

시베리아호랑이가 따뜻한 지역 호랑이보다 크고
북극여우의 귀가 사막여우보다 작은 이유는
베르그만의 법칙과 앨런의 법칙으로 설명할 수 있습니다.
기후에 따라 몸의 생김새와 크기가 다른 동물들의 사례에서
진화와 적응의 흥미로운 단서를 얻을 수 있습니다.

호랑이는 예로부터 단군신화를 비롯하여 『삼국유사』나 『조선왕조실록』 등 역사적인 문헌에 등장했고, 수많은 전래동화나 구전설화에도 자주 나타나는 친숙한 동물이에요. 고궁을 비롯한 유적지에도 호랑이를 형상화한 조각이나 그림 등을 쉽게 찾아볼 수 있고, 전국 각지에 호랑이와 관련하여 붙여진 지명도 많다고 해요. 우리나라에서 열렸던 1988년 서울올림픽의 마스코트 호돌이와 2018년 평창올림픽 마스코트였던 수호랑도 바로 호

랑이였지요. 조선시대까지만 해도 우리나라에서 야생 호랑이가 살았고, 때로는 호랑이를 사냥했다는 기록도 남아 있어요. 공식적으로는 1940년대에 한 마리의 호랑이가 포획되었던 것이 한반도 호랑이의 마지막 기록이고, 1996년에는 당시 환경부가 남한에서의 호랑이 멸종을 '멸종위기에 처한 야생 동·식물의 국제거래에 관한 협약CITES' 사무국에 공식 보고했다고 해요. 과거 야생호랑이는 우리나라뿐만 아니라 시베리아부터 아시아 전역에 이르기까지 살았었어요. 야생동물 불법거래를 감시하는 영국의 비영리단체 '트래픽Traffic'과 세계자연기금WWF의 발표에 따르면 1900년 무렵 전 세계 10만 마리에 달했던 야생호랑이 개체수는 2010년 무려 97%나 감소한 3,200마리가 되었다가 2016년 3,890마리, 2019년 3,900마리로 조금 증가했다고 합니다. 상황이 이렇다 보니 국제자연보전연맹IUCN이 멸종위협 생물종을 분류하는 적색목록Red List 범주 중에서 야생에서 매우 높은 절멸위기에 처한 종Endangered, EN으로 지정되었지요.

호랑이는 사실 모두 친척

✱

호랑이는 현재 살아 있는 포유류 중에서도 식육목 고양잇과에 속하는 가장 큰 동물이에요. 고양잇과에 속하는 다른 동물로는 사자, 표범, 치타, 재규어, 고양이 등이 있어요. 그중에서도 호랑이는 몸에 검은 줄무늬가 있고, 귓등에 크고 하얀 점이 있는 것이 특징이에요. 다른 동물을 사냥하는 육식동물답게 크고 강한 턱과 긴 송곳니, 날카로운 발톱을 가지고 있으며, 평소에는 발톱을 발톱집에 숨기고 있다고 해요.

현재까지 발견된 호랑이는 모두 판테라 티그리스*Panthera tigris*라는 학명을 가진 하나의 종이지만, 사는 지역에 따라 여러 개의 아종으로 구분할 수 있어요. 각 아종은 몸집과 줄무늬 등의 외형적 특징으로 구분했었는데, 분류가 명확하지 않아 학자마다 차이가 있었다고 해요. 그런데 2018년 중국 베이징 대학 연구팀이 대표성을 갖는 호랑이 32개체의 DNA를 분석하여 호랑이의 아종은 총 9개이고, 그중 3개 아종은 이미 멸종했다는 것을 밝혀냈어요. 현존하는 호랑이는 수마트라호랑이, 인도(벵골)호랑이, 시베리아(아무르, 한국)호랑이, 말레이호랑이, 아모이(남중국)호랑이, 인도차이나호랑이이고, 사라진 아종은 발리호랑이, 자바호랑이, 카스피호랑이입니다. 연구팀이 각 아종들의 전체 유전체를 비교한 결과 이들은 대부분 11만 년 전에 살았던 호랑이를 공통조상으로 가지는 친척관계라는 것을 알아냈어요. 하지만 서식 지역에 따라 몸집 크기나 생존에 관련된 일부 유전자 변이에 차이가 있다는 것도 밝혀졌답니다. 각 서식지 환경에 가장 잘 적응한 개체들이 살아남아 번식에 성공하고, 진화해 왔기 때문이었지요. 연구팀은 이 결과를 국제학술지인 《커런트바이올로지 Current Biology》에 발표했어요.

사는 지역에 따라 몸집이 달라졌다?: 베르그만의 법칙

✱

호랑이 아종의 분포 지역을 살펴보면 시베리아호랑이는 가장 북쪽인 중국과 러시아·북한 지역에 살고, 인도와 네팔 등지에는 인도호랑이, 태국·미얀마·라오스 지역에는 인도차이나호랑이, 말레이시아에는 말레이호랑이, 그리고 가장 남쪽인 인도네시아 수마트라섬에는 수마트라호랑이가 서식하고 있어요. 이 중 가장 추운 곳에 사는 시베리아 호랑이는 수컷을 기준으로 몸길이가 평균 2.7~3.3미터이고, 몸무게 평균은 180~370킬로그램으로 다른 아종에 비해 몸집이 커요. 반면에 수마트라호랑이 수컷의 평균 몸길이는

2.5미터이고, 평균 몸무게는 75~140킬로그램이라고 해요. 나머지 호랑이 아종들의 외형도 비교해 본 결과, 서식지가 추운 지역일수록 체격이 크고, 따뜻한 지역일수록 체구가 작은 특징을 가지고 있었어요. 이런 경향은 호랑이뿐만 아니라 체온을 일정하게 유지하며 살아가는 다양한 동물(정온동물) 종에서도 관찰되었답니다. 독일의 생물학자였던 카를 베르그만Carl Bergmann은 1847년에 같거나 가까운 종 사이에서는 일반적으로 추운 지방에 사는 동물일수록 체구가 커지는 경향이 있다는 것을 주장했어요. 이것이 바로 베르그만의 법칙Bergmann's rule입니다. 온도와 몸의 크기는 어떤 상관관계가 있길래 이런 일이 일어난 것일까요?

추운 지역에 사는 정온동물이 체온을 일정하게 유지하기 위해서는 물질대사 과정에서 발생한 열이 밖으로 빠져나가는 열손실을 최대한 줄여 체내에 열을 보존해야 해요. 동물의 몸에서 열 발산은 표면에서 일어나기 때문에 몸의 표면적이 작을수록 열 발산량이 줄어들게 됩니다. 동물의 체격이 커지면, 몸 전체 표면적이 늘어나는 것처럼 보이지만, 몸의 부피에 대한 표면적 비율은 오히려 줄어들어요. 정육면체로 예를 들면, 가로와 세로, 높이의 길이가 각각 2배로 될 때 부피는 8배가 되지만, 표면적은 4배가 돼요. 늘어나기 전 부피에 대한 표면적 비율이 1이었다면, 늘어난 이후의 비율은 2분의 1로 줄어든 셈이지요. 따라서 추운 지역에 사는 정온동물은 체구를 키울수록 체온 유지에 필요한 열을 덜 빼앗겨서 생존에 유리하고, 더운 지역에서는 체온 유지를 위해 체내의 열을 밖으로 발산해야 해서 오히려 체격이 작을수록 유리해요. 펭귄의 종류에 따라 체구에 차이가 있는 것도 베르그만의 법칙으로 설명할 수 있습니다.

영하 19도에 달하는 남극에 사는 황제펭귄의 몸길이는 평균 약 120센티미터이고, 몸무게는 40킬로그램인 반면, 남아메리카의 북쪽에 위치해 있고, 평균 기온이 24도인 갈라파고스섬에 서식하는 갈라파고스펭귄의 몸길이는 약 50센티미터, 몸무게는 2킬로그램이지요. 그리고 중간 지점인 평균 기온 8도의 남아메리카 남단에 서식하는 마젤란펭귄의 평균 몸길이는 약 70센티미터, 몸무게는 5킬로그램이라고 해요.

몸의 말단부위도 달라요: 앨런의 법칙

*

베르그만의 법칙 외에도 온도와 생물의 관계를 설명하는 또 다른 법칙이 있어요. 1877년 영국의 생물학자 조엘 앨런_{Joel Allen}은 추운 곳에 서식하는 정온동물은 따뜻한 지역에 사는 개체들보다 귀나 코, 팔, 다리 등 몸의 말단부위 크기가 작다는 내

용의 앨런의 법칙Allen's rule을 발표했어요. 이것의 이유를 설명하는 데에는 베르그만의 법칙을 설명하는 원리가 마찬가지로 적용됩니다. 추운 지역에 사는 동물일수록 체온 유지를 위해 몸의 부피에 대한 표면적 비율을 낮춰 열손실을 줄이고, 더운 지역에 사는 동물은 반대일수록 생존에 유리해요. 몸의 말단부위가 클수록 전체 표면적이 넓어지고, 크기가 작을수록 좁아지기 때문에 추운 지방에 서식하는 동물들은 상대적으로 작고 짧은 말단부위를 가지고 있고, 더운 지방의 동물들은 열 발산을 많이 하기 위해 말단부위의 크기가 큰 것을 볼 수 있어요. 대표적인 사례로 추운 곳에 사는 북극여우와 온대 지방에 사는 붉은여우, 더운 사막지역에 사는 사막여우를 들 수 있습니다. 사막여우는 몸통 길이의 거의 절반에 달할 정도로 큰 귀를 가지고 있으며 주둥이와 다리는 긴 것이 특징이에요. 평균 몸길이는 24~41센티미터이고, 몸무게는 0.68~1.6킬로그램 정도라고 합니다. 하지만 북극여우의 귀는 매우 작고 털로 덮여 있어 열 손실을 줄일 수 있는 구조로 되어 있어요. 주둥이와 다리도 뭉툭하고 짧아서 체온 유지에 도움을 주지요. 북극여우의 평균 몸 길이는 70~100센티미터, 몸무게는 5~10킬로그램으로 사막여우에 비해 확실히 큰 체구를 가지고 있답니다.

3

지구와 우주가 전하는
생명의 흔적

#충돌이 가져온 기회,
공룡과 소행성

우주의 작은 천체인 소행성은
지구 생명과 거리가 멀어 보이지만
생태계에 엄청난 변화를 일으켰습니다.
생명의 등장과 대멸종을 모두 안겨준
소행성을 만나볼 차례입니다.

우주를 떠도는 소행성이 지구를 향해 날아와 충돌할 수 있을까요? SF영화에서만 나올 것 같은 이런 일이 과거 지구에서 실제로 일어났었다고 해요. 2020년 5월에는 지름이 1.5킬로미터에 달하는 거대한 소행성 '136795(1997BQ)'가 지구로 접근하고 있다는 소식이 들려와 사람들의 관심이 집중되기도 했어요. 하지만 근접이라고 해도 지구와 달 사이 거리의 16배가 넘게 떨어져 있어 충돌 위험은 없는 것으로 밝혀졌습니다. 소행성은 무엇이고, 우리에게 어떤 영향을 주고 있을까요?

소행성이란 무엇일까?

*

지구가 속한 태양계는 밝게 빛나는 항성인 태양을 중심으로 수성, 금성, 지구, 화성, 목성, 토성, 천왕성, 해왕성이 공전하고 있어요. 이 8개의 천체를 우리가 흔히 태양계의 행성이라고 부르지요. 소행성은 이름에서 알 수 있듯이 태양계를 이루는 작은 천체이면서 표면에 가스나 먼지 등에 의한 활동이 관찰되지 않는 천체예요. 소행성을 뜻하는 영어이름인 asteroid는 '별과 같은 star-like' 또는 '별처럼 생긴 star-shaped'의 의미를 지닌다고 해요. 화성과 목성의 궤도 사이에 소행성들이 많이 모여 있으면서 목성 궤도 안쪽을 따라 태양 주위를 공전하고 있는 공간이 있는데, 이곳을 '소행성대'라고 부릅니다. 소행성대 외에도 소행성들의 공전궤도에 따라 비슷한 궤도를 도는 소행성들을 '소행성군群'으로 묶어서 부르기도 하지요.

소행성이 처음 발견된 것은 19세기 초였어요. 이탈리아의 천문학자인 주세페 피아치 Giuseppe Piazzi는 1801년 화성과 목성 사이에서 움직이는 천체를 발견하고 세레스 Ceres라는 이름을 붙이게 됩니다. 당시에는 행성으로 생각했지만 이후 소행성으로 분류되었어요. 비록 명왕성의 행성 지위 박탈과 관련된 2006년 국제천문연맹 총회에서 왜소행성으로 재분류되었지만요.

행성이 늘어선 간격: 티티우스-보데의 법칙

*

이렇게 소행성이 최초로 발견된 것은 19세기이지만, 소행성대 발견의 계기가 된 과학적 발견은 훨씬 이른 시기인 1766년에 이루어집니다. 바로 독일의 천문학자인 요한 티티우스Johann Titius가 1766년에 발견하고 요한 보데Johann Bode가 1772년에 발표한 티티우스-보데의 법칙 덕분이었어요. 이 법칙은 태양계를 공전하는 행성들이 특정한 수열($d = 0.4 + 0.3 \times 2^n$)에 따른 거리만큼 각각 태양으로부터 떨어져 있다는 내용이었어요. 우주에서 행성 간 거리를 나타낼 때 쓰는 단위로는 AU(천문단위)를 사용하는데, 1AU는 태양과 지구 사이의 거리를 나타냅니다. 티티우스-보데의 법칙에 따르면

이론적으로 수성은 0.4AU, 금성은 0.7AU, 지구는 1.0AU, 화성은 1.6AU, 목성은 5.2AU, 토성은 10AU로 나타나야 했고, 이것은 실제 거리인 0.39, 0.72, 1.00, 1.52, 5.20, 9.55와 거의 일치하게 나타났지요. 그리고 1781년 발견된 천왕성이 이 수열의 다음 숫자인 19.6AU에 거의 근접한 19.2AU만큼 떨어져 있는 것으로 밝혀져 티티우스-보데의 법칙이 큰 주목을 받게 되었어요. 천문학자들은 티티우스-보데의 법칙에 따르면 화성과 목성 사이에 존재하는 2.8AU 부근에 새로운 행성이 있어야 한다는 것에 주목하고 그 위치에 존재하는 천체를 열심히 찾기 시작했어요. 그리하여 1801년 세레스를 발견하게 된 것이었지요. 그리고 세레스 외에도 그 위치에 해당하는 궤도 부근에서 팔라스Pallas, 유노Juno, 베스타Vesta 등 수많은 소행성이 이어서 발견되었습니다. 미국 항공우주국NASA에 따르면, 현재까지 발견된 근지구 소행성은 2025년 6월 기준 3만 8,502개이고, 이 중에서도 지구를 위협할 정도로 가까운 소행성(지구위협소행성, PHA)은 2,481개나 된다고 해요.

소행성에 이름 붙이는 법

*

소행성을 발견하면 우선 발견된 시기와 그 무렵에 발견된 순

서에 따라 임시 이름을 붙여줘요. 일단 맨 앞에는 발견된 연도를 쓰고, 그 뒤에는 한 달을 전반부와 후반부로 나누어 1월 1일부터 15일까지는 A, 16일부터 31일까지는 B, 2월 1일부터 15일까지는 C, … 의 순서대로 알파벳을 두 번째로 붙입니다. 세 번째 위치에는 그 기간에 발견된 순서를 다시 알파벳으로 나타내요. 이때 두 번째와 세 번째 자리 모두 알파벳 'I'는 사용하지 않고, H 다음에 바로 J를 사용한다고 해요. 만약 2020년 6월 1일에 발견된 첫 번째 소행성이면 '2020 LA'라는 임시 번호를 갖게 되는 거지요. 만약 그 기간에 소행성이 많이 발견되어 알파벳을 다 써버렸다면, 그다음은 다시 숫자를 추가합니다. 예를 들어 A~Z까지 I를 제외한 알파벳은 25개인데, 26번째 소행성이 발견되었다면, 그 소행성의 임시 번호 세 번째 자리는 A1이 됩니다.

임시로 사용한 이름은 이후 소행성의 궤도가 확정되면 고유번호와 이름으로 대체될 수 있어요. 고유번호는 발견 순서대로 누적된 숫자로 붙이기 때문에 가장 먼저 발견되었던 세레스의 고유번호가 바로 1번이 됩니다. 이름은 소행성을 처음 발견한 발견자가 붙일 수 있는데, 장영실, 최무선, 세종, 보현산 등 한글 이름이 붙은 소행성들도 있어요.

생물의 등장과 멸종에 관여한 소행성

*

　지구에 근접한 궤도를 가지는 소행성들은 지구의 역사에서 지구에 엄청난 영향을 주기도 했는데 대표적인 사례는 공룡의 멸종이에요. 번성했던 공룡이 멸종되어 버린 이유는 오랫동안 수수께끼였어요. 그래서 그 이유를 밝히려는 연구가 계속됐는데 2019년 독일 연구팀에 의해 공룡의 멸종은 소행성 충돌 때문이라는 것이 뒷받침되었습니다. 연구팀은 공룡 멸종 전후 시기에 만들어진 유공충 화석에 들어 있는 붕소 동위원소 비율을 비교하여 소행성이 지구에 충돌하면서 바닷물의 산도가 급격하게 증가했다는 것을 밝혀냈어요. 갑자기 높아진 산도 때문에 탄산칼슘 껍질을 가졌던 조류들이 죽었고, 이것이 원인이 되어 바다 상층부 생명체의 멸종과 탄소 순환 균형이 깨어짐이 일어나 결국 당시 지구 생물의 75%가 멸종했다고 해요. 이 연구는 《미국 국립과학원회보》에 발표되었어요.

　2020년에는 영국의 연구팀에 의해 공룡을 멸종시킨 소행성이 지구에 굉장히 치명적인 각도로 충돌하여 지구환경에 급격한 변화를 일으켰다는 것이 《네이처 커뮤니케이션즈》에 발표되었습니다. 연구팀은 3차원 충돌 시뮬레이션과 당시 소행성이 충돌한 장소인 멕시코 유카탄반도의 칙술루브Chicxulub 충돌구의 지구물리적 자료를 분석하여 소행성이 약 60도의 각도로 지구와 충돌하였으며, 이로 인해 엄청난 양의 가스를 대기로 올려 보냈다는 것을 알아냈어요. 이때 형성된 수십억 톤의 에어로졸이 지구로 들어오는 햇볕을 차단하여 광합성 차단과 기온 저하를 초래하여 공룡을 비롯한 지구 생물의 대멸종을 일으킨 것이었지요.

하지만 소행성이 생물의 멸종만 일으킨 것은 아닐 수 있다는 최근 연구들도 있어요. 2020년 《사이언티픽 리포트Scientific Reports》에 발표된 일본 연구팀의 연구 결과에 따르면 약 40억 년 전 지구에 소행성이 떨어지면서 발생한 충격으로 생명체 출현에 필수적인 아미노산이 만들어졌을 수 있다고 해요. 연구팀은 고대 지구의 바다에 소행성이 충돌하면서 발생했던 화학반응을 모의실험하여 생물학적 반응의 촉매가 되는 글리신과 알라닌 같은 아미노산이 만들어지는 것을 발견했어요. 생명체의 등장과 멸종 모두 소행성과 관련 있을 수 있다는 셈이지요.

#호흡이 밝힌 거대 잠자리의 비밀, # 산소

지구환경에서 산소 농도 변화는
생물의 진화와 멸종에 막대한 영향을 미쳤습니다.
고생대 석탄기에는 산소가 풍부해 거대한 곤충이 나타났고,
중생대 이후 산소 농도가 급감하자
폐 호흡을 하는 공룡의 세상이 되었습니다.

2022년 2월 영국 에든버러대학교 연구진이 스코틀랜드의 석회암 해안가에서 발굴한 거대 익룡 화석에 관한 연구가 국제학술지인 《커런트 바이올로지》에 발표되었어요. 발견된 화석의 주인공은 약 1억 7,000만 년 전인 중생대 쥐라기 중기에 살았을 것으로 추정된다고 해요. 연구진은 이 익룡에 스코틀랜드 켈트인의 고유어인 게일어로 '날개 달린 파충류'라는 뜻인 '자크 스키안아크*Dearc sgiathanach*'라는 학명을 붙였어요.

공룡과는 다른 익룡

*

 익룡은 약 2억 3,000만 년 전에 지구에 출현해서 공룡과 함께 중생대를 지배했던 대표적인 동물이에요. 공룡은 육상에 살고, 익룡은 주로 하늘을 날며 생활했지요. 공룡과 익룡 모두 중생대 이후 멸종해서 지금은 화석으로밖에 볼 수 없지만, 당시 지구를 상상하여 만든 영화나 그림을 보면 거대한 익룡이 하늘을 나는 것을 종종 볼 수 있습니다. 하늘을 날기 위해서는 몸이 가벼워야 해요. 그래서 지금의 조류도 뼈를 살펴보면, 뼛속이 비어 있는 채로 굵기가 매우 가는 관 형태인 것들이 많아요. 익룡도 마찬가지로 몸이 가벼워야 했기 때문에 뼈의 속이 비어 있거나 굵기가 너무 가늘어 화석이 발견되기 어려웠지요. 그런데 이번에 발견된 화석은 현재까지 발견된 익룡 화석을 모두 통틀어 보존 상태가 가장 완벽하다고 해요. 특히 몸을 구성하는 뼈뿐만 아니라 머리 골격과 턱뼈, 이빨까지도 깨끗한 상태로 온전하게 발견되어 익룡의 구체적인 형태와 먹이 섭취 방법 등에 대해 과학적인 분석이 가능했습니다.

 뼈 분석 결과 아직 성장이 끝나지 않은 어린 개체라는 것과 날개폭이 약 2.5미터 정도에 몸무게는 10킬로그램 이하였을 것을 알아냈어요. 만약 더 성장해서 성체가 되었다면 날개폭이 3미터에 달했을 거라고 해요. 길고 날카로운 이빨은 입을 다물 때 서로 엇갈리면서 맞물리는 구조로 되어 있어서, 익룡이 사냥하는 물고기나 오징어와 같은 먹이를 입안에 가두는 역할을 했을 것으로 추정된대요. 기존의 연구들에 따르면 중생대 초기의 익룡은 갈매기 정도의 작은 크기였다가 약 1억 5,000만 년 전에 조류가 등장하여 서로 경쟁하는 과정에서 몸집이 커졌을 것으로 추측했었는데, 이번에 발견된 자크 스키안아크는 그보다 전에 살았음에도 이미 몸의 크기가 알바트로스 이상으로 컸기 때문에 기존 가설보다 훨씬 전에 이미 큰 몸을 가지고 있었다는 것을 알게 되었다고 해요.

산소 농도 높아져서!: 대형 절지동물의 진화

❋

지구 생물의 역사를 보면 지금과 비슷한 생김새를 가졌지만, 과거에는 훨씬 크기가 컸던 동물들이 있어요. 대표적인 사례는 고생대 석탄기(약 3억 5,920만~2억 9,900만 년 전)에 살았던 거대 잠자리인 메가네우라*Meganeura*와 초대형 노래기로 불리는 아르트로플레우라*Arthropleura*예요. 커다란 신경이라는 뜻의 메가네우라는 지금의 잠자리와 비슷하게 생겼지만 펼친 상태에서 날개 끝에서 반대쪽 끝까지의 길이가 75센티미터, 머리부터 꼬리까지는 약 40~50센티미터에 달했었다고 해요. 날개가 워낙 크다 보니 날개의 무늬가 마치 굵은 신경처럼 보일 정도로 선명하게 화석에도 나타나 있어요. 아르트로플레우라는 메가네우라와 마찬가지로 고생대 석탄기에 살았던 거대 노래기예요. 생김새는 지금의 지네와 비슷하게 생겼지만, 몸의 길이가 30~300센티미터에 이를 정도로 컸고, 가장 큰 아르트로플레우라는 현재까지 발견된 육상 무척추동물 중에서 가장 큰 크기예요. 몸의 크기와 생김새 때문에 육식이었을 것 같지만, 화석을 조사해 보았더니 내장 속에 양치류의 포자가 들어 있어서 초식 또는 잡식이었을 것이라고 해요. 고생대 석탄기에는 이 외에도 매우 커다란 크기의 절지동물 화석들이 자주 발견되고 있어요. 크기를 비롯한 동물의 진화는 지구환경과 매우 밀접한 관련이 있기 때문에 과학자들은 지구 탄생 이후 현재까지의 대기, 해양, 지질 등 다양한 환경 요소를 분석해 오고 있답니다.

고생대 석탄기는 지구상에 나무가 처음 등장하고 번성하여 광합성으로 인해 대기 중 산소 농도가 급격히 증가하여 대기 중 산소가 약 30%나 차지하는 시기였어요. 현재의 지구 대기에서 산소가 차지하는 비율이 21%인 것과 비교하면 굉장히 높았지요. 생물 때문에 높아진 산소 농도는 다시 생물에게 영향을 주게 됩니다. 메가네우라나 아르크로플레우라와 같은 절지동물은 우리처럼 폐로 호흡하는 것이 아니라 기문氣門을 통해 숨을 쉬어요. 하나가 아니라 보통 몸의 표면에 여러 개가 있어서 외부의 공기가 직접 몸 안으로 들고 나는 문의 역할을 하지요. 절지동물의 호흡은 고농도에서 저농도로 물질이 스스로 퍼져나가는 확산擴散을 통해 일어납니다. 몸 밖의 산소 농도가 높으니까 기문을 통해 몸 안으로 밀려 들어오는 것이지요. 그런데 석탄기에는 산소가 매우 고농도였기 때문에 확산 효율도 높아서 체내 조직 구석구석까지도 산소공급이 잘 되었고, 그래서 몸을 최대로 키울 수 있었던 거예요.

산소 농도 낮아져서!: 공룡의 진화

*

반대로 중생대 트라이아스기와 쥐라기에는 산소 농도가 15% 이하로 급격히 낮아지는 일이 발생합니다. 이번에는 낮아진 산소 농도가 동물의 생존과 진화에 영향을 주게 되었지요. 이전에 나타났던 거대 절지동물들을 더 이상 큰 몸을 유지할 수 없게 되어 사라졌고, 네발로 기어다니는 양서류나 파충류는 조금만 움직여도 산소가 부족하여 호흡곤란을 겪게 되었어요. 현재의 도마뱀처럼 네발 모두 몸의 옆에서 수평으로 뻗어 나와 아래로 꺾어지게 되어 있어서 기어다닐 때마다 몸이 양옆으로 흔들리고, 이때 발생하는 충격 때문에 숨 쉬기가 어렵기 때문이에요. 산소 농도가 충분히 높을 때에는 문제가 없었지만, 낮아진 산소 농도에서 이런 몸의 구조는 생존에 불리했겠지요. 따라서 기거나 걷는 동안에도 숨을 잘 쉴 수 있는 구조를 가진 동물들이 진화하여 등장하기 시작했어요. 바로 공룡입니다.

공룡은 몸에서 뻗은 다리의 각도를 도마뱀보다 땅에 수직방향으로 뻗어서 몸 아래에 다리가 있는 구조였어요. 그래서 걸을 때 폐가 눌리지 않으면서 이동할 수 있게 되었고, 특히 네발이 아니라 두 발로 걷는 공룡들은 폐의 위치가 높아지면서 다리와 멀어져 뛰면서도 숨을 쉴 수 있었어요. 따라서 우리가 아는 두 발로 걷거나 뛰는 공룡이 온몸에 산소공급을 보다 잘할 수 있어 생존에 유리해서 더욱 몸이 커지게 되었고, 이후 중생대는 우리가 알고 있듯이 공룡의 세상이 된 것이지요.

#생명을 구하러 우주로 가다,
쥐와 의학연구

인류와 놀라울 만큼 유사한 생물학적 특징을 지닌 쥐는
생명을 살리는 연구에서 핵심 역할을 맡아왔습니다.
최근에는 국제우주정거장에 올라
우주 의학 발전에도 크게 기여하고 있는
고마운 모델생물입니다.

쥐는 예로부터 우리의 삶과 매우 가까이에서 생활해 온 동물입니다. 과학에서도 예외가 아니랍니다. 실험동물이라고 하면 가장 먼저 새하얗고 작은 실험용 쥐를 떠올릴 정도로 생물학 전반과 의약학, 농학, 뇌과학 등 굉장히 다양한 분야에서 쥐를 이용하고 있지요. 지구상의 수많은 동물 중에서 과학자들은 왜 쥐를 많이 사용하게 되었을까요?

훌륭한 모델생물, 쥐

*

생물 중에서 다른 생물을 대표하여 연구에 자주 사용되는 것들을 모델생물이라고 해요. 지구상에는 매우 다양한 생물 종들이 있지만, 모든 생물을 대상으로 실험할 수는 없어서 연구의 특징이나 성격마다 그에 적합한 대표 생물을 선택하여 모델생물로 이용해 오고 있지요. 모델생물을 통해 알아낸 연구 결과들로 우리는 인간과 생물, 질병 등에 대한 보편적인 지식과 이해를 넓혀올 수 있었어요. 생물에 대한 막연한 궁금증이나 어떤 질병이 나타나는 원인 등이 모델생물 연구를 통해 과학적인 실험과 결과로 설명되는 경우가 많았거든요.

쥐는 좋은 모델생물이 되기 위한 많은 특징을 가지고 있어요. 우선 성체가 새끼를 낳아 다시 성체로 자라나는 세대 주기가 짧고, 한 번에 많은 자손을 낳기 때문에 실험 결과를 빨리 얻을 수 있으며 통계적인 분석도 유용합니다. 크기가 작아 다루기 쉽고, 실험실에서 키우기 좋다는 장점도 있지요. 그리고 무엇보다도 포유류이기 때문에 발생 과정과 생물학적 기본 구조가 사람과 매우 유사해요. 2002년 《네이처Nature》에 실린 연구 결과에 따르면 쥐 유전자의 80%가 사람과 같고, 99%가 사람의 유전자에 대응될 정도로 유사하다는 것이 밝혀졌어요. 쥐가 가진 3만여 개의 유전자 중에서 사람과 다른 것은 고작 300개 정도뿐이라니 얼마나 가까운지 느낌이 오지요.

쥐, 수많은 아기의 생명을 구하다

쥐를 이용한 연구 중에서도 많은 사람의 생명을 살린 결과로 이어진 것들이 있어요. 미국 듀크대학교의 신경과학자인 솔 센버그Saul Schanberg와 신시아 쿤Cynthia Kuhn, 게리 에보니욱Gary Evoniuk은 새끼 쥐의 성장에 관련된 호르몬을 연구하고 있었어요. 연구자들은 실험을 위해 새끼 쥐를 이른 시기에 어미에게서 떼어놓고 길렀더니 새끼 쥐의 성장을 나타내는 지표가 현저하게 낮게 나타나는 것을 발견했어요. 이후 영양상태, 체온, 페로몬 등 쥐의 성장에 영향을 줄 수 있는 다양한 요인들로 후속 실험해 본 결과 어미와의 분리가 새끼 쥐의 성장에 매우 부정적인 영향을 준다는 것을 알아냈지요. 함께 있는 것과 분리되어 있는 것에 어떤 차이가 있길래 이런 결과가 나타났을까요? 관찰 결과 새끼 쥐가 태어나면 어미 쥐는 새끼를 핥고 쓰다듬는 데에 매우 많은 시간을 보낸다는 것을 발견했어요. 어미 쥐의 행동이 새끼 쥐에게 어떤 영향을 주는지 밝혀내기 위해 연구자들은 어미 쥐가 되었습니다. 카메라 렌즈를 청소하는 아주 작은 붓으로 어미 쥐처럼 새끼를 지속적으로 부드럽게 마사지했지요. 그러자 새끼 쥐의 성장 호르몬 수준이 증가하고, 쥐가 튼튼하게 자라났습니다.

마이애미 의과대학 소아과에서 조산아의 성장을 연구 중이던 티퍼니 필드Tiffany Field 박사는 셴버그 박사 연구팀의 결과를 듣고, 사람에게도 적용할 수 있는 아이디어를 떠올렸어요. 당시 미국에서는 갓 태어난 영아 8명 중 1명의 비율로 조산되었으며, 조산아의 경우 어릴 때 생명을 잃거나 신경발달 장애를 나타내는 비율이 매우 높았어요. 또한 조산아 출생으로 인한 집중치료 비용과 건강 관리 비용도 1명당 거의 5만 2,000달러로 추정될 정도로 높았고, 보호자들의 심리적 고통도 이루 말할 수 없었지요. 필드 박사는 어미 쥐가 새끼 쥐에게 하는 것처럼 조산아에게 촉각 자극을 주었더니 그렇지 않았던 아이들보다 성장률과 주의력이 높고, 입원기간이 평균 6일이나 단축된다는 것을 알아냈어요. 이후 유아 마사지 요법을 개발하여 보급하였고, 그 결과 너무 빨리 태어난 많은 조산아들의 생명을 구할 수 있었답니다. 유아기의 접촉 자극이 생리적인 기작과 호르몬 분비에 영향을 준다는 후속 연구들도 이어졌지요. 연간 47억 달러에 달하는 막대한 의료비 절약 효과가 난 것은 덤이었고요. 이 공로를 인정받아 센버그 박사팀과 필드 박사는 2014년에 황금거위상Golden Goose Award을 수상하기도 했어요.

우주로 간 마이티마우스
*

2019년 12월 초에는 40마리의 쥐가 무인 화물우주선에 실려 국제우주정거장ISS에 도착했어요. 이 쥐들은 우주 환경이 생물체의 근육과 뼈에 미치는 영향을 알아보기 위한 연구 대상이었지요. 우주 공간은 중력이 거의 존재하지 않는 미세중력 상태이기 때문에 근육과 뼈가 약해지는 것으로 알려져 있어요. 40마리의 쥐는 크게 세 그룹으로 나눌 수 있는데, 그 중 한 종류는 유전자 조작으로 근육량이 일반 쥐보다 2배 정도 증가한 마이티마우스예요. 원래 쥐의 몸속에는 근육의 성장을 제한하는 작용을 하는 미오스타틴Myostatin이라는 단백질이 있는데 이 단백질을 만드는 GDF-8 유전자를

조작하면 작용이 억제되어 근육이 더 발달할 수 있게 되지요. 다른 한 그룹은 미오스타틴의 작용을 억제하는 약을 투여한 쥐고, 나머지는 보통의 정상 쥐예요. NASA의 과학자들은 쥐의 몸속에서 미오스타틴의 작용을 차단하고 근육과 뼈의 성장을 유도하면 미세중력으로 인한 근손실을 막을 수 있을 것이라고 기대하고 있어요. 쥐들은 특수 제작된 우주용 케이지에서 생활하다가 다시 지구로 돌아왔어요. 이 쥐들의 근육과 뼈의 변화과정을 정밀하게 분석해서 근손실 보호를 위한 연구가 성공하면 우주에서 오래 생활해야 하는 우주 비행사들의 건강은 물론, 지구에서 노화에 의해 자연스럽게 근육과 뼈가 약해지는 노년층의 건강에도 도움이 되겠지요.

쥐가 실험용으로 본격 이용되기 시작한 19세기 말 이래 전 세계적으로 많은 영역에서 쥐 실험이 이루어지고 있어요. 정상 쥐에게 처치를 하여 그 결과를 확인하는 방법에서 시작하여 지금은 유전자 조작을 통해 연구 목적에 맞는 유전적 조건을 가진 쥐를 만들어 내기도 합니다. 근육을 강화시켜 우주로 보낸 쥐 외에도 질병 연구를 위해 특정 유전자를 없앤 쥐, 사람의 암이나 각종 질병 유전자를 가진 쥐, 털과 면역기능이 없는 누드 쥐, 비만 쥐 등 다양한 종류의 쥐를 만들어 내고, 이것을 이용해서 사람의 생명을 구하거나 더 잘 이해하기 위한 연구들을 하고 있지요. 하지만 아무리 좋은 목적이라고 해도 소중한 생명을 이용하고 있다는 것을 잊어서는 안 돼요. 그래서 각 나라마다 연구윤리 관련 법과 실험동물이용 지침을 마련하고, 동물실험을 할 때마다 이를 준수하도록 하고 있어요. 또한 최근에는 생체와 비슷한 특성을 가진 물질을 이용하거나, 로봇을 이용하는 방법 등 동물 대체 시험법도 연구 중이랍니다.

지구 #최후의 날을 대비하는 금고,
시드볼트

만약 씨앗까지 모두 사라진다면
황폐화된 생태계에 식물이 다시 살아날 수 없습니다.
전 세계의 씨앗을 안전하게 모아두는 시드볼트는
지구 규모의 재앙에 대비해 인류 생존과 생물 다양성을 지키는
최후의 보루가 됩니다.

애니메이션 〈월·E WALL-E〉는 인류가 더 이상 살지 않는 지구를 주된 배경으로 하고 있어요. 대량의 쓰레기를 비롯한 각종 환경오염으로 인해 생물이 더이상 지구에 살기 어려워지자 인류를 우주로 보내는 우주 이주 프로그램이 시작되고, 사람들이 우주 유람선을 타고 떠도는 동안 로봇을 이용해 지구를 청소하려는 계획을 실행하지요. 하지만 700년이라는 시간이 흐르도록 지구의 쓰레기를 없애지 못하고 로봇들도 대부분 고장이 나

버려서 결국 지구는 폐허가 됩니다. 주인공인 쓰레기 처리 로봇 월·E는 지구에 혼자 남아 작동하고 있었어요. 그리고 그곳에 특별한 임무를 가지고 우주에서 지구로 파견된 새로운 로봇 이브EVE가 나타납니다. 만들어진 지 700년이나 된 월·E보다 훨씬 세련된 디자인의 신식 로봇인 이브의 이름은 외계 식생 평가사 Extraterrestrial Vegetation Evaluator의 줄임말이라고 해요. 여기서 식생이란 지구 표면을 덮고 있는 식물 집단을 의미하는데, 이브는 쓰레기 더미가 된 지구 곳곳을 탐색하며 자신의 이름처럼 식물을 찾는 임무를 수행합니다. 식물을 찾는 것이 왜 특별한 임무였을까요?

생태계의 생산자, 식물

✻

사람을 비롯한 모든 생물체는 지구상에서 서로 관계를 맺고, 주변 환경과도 영향을 주고받으며 살아갑니다. 이렇게 생물적 요소와 비생물적 환경 요소를 합쳐서 생태계라고 부르지요. 생태계 구성요소 간에는 먹이사슬을 통해 피식자로부터 포식자로 물질과 에너지의 이동이 일어나요. 식물이 초식동물에게 먹히고, 초식동물이 육식동물에게 먹히는 과정에서 먹이의 몸을 구성하고 있는 물질이 포식자에게 이동하는 것이지요. 실제 생태계에서는 이러한 먹이사슬이 복잡하게 얽혀 먹이그물을 이루고 있어요. 식물은 태양에너지를 이용해서 거의 모든 생물체를 구성하고, 에너지를 만들어 낼 수 있는 기본적인 유기물인 포도당을 생성해 내는 광합성을 하기 때문에 생태계의 생산자로 불립니다. 생산자의 역할 덕분에 생물체의 생존과 생장, 번식이 가능할 수 있었고, 광합성의 또 다른 결과물인 산소가 지구 대기에 공급되어 지금처럼 다양한 생물체가 진화해 올 수 있었어요. 지구 최초의 생명체가 광합성을 하는 생산자였을 것으로 추정하는 이유도 여기에 있지요. 다시 말해 언젠가 모든 생물이 사라진다 해도 식물만 자랄 수 있다면, 다른 생물체들도 언젠가 등장할 수 있을 것이라는 희망을 품을 수 있는 셈이에요. 이브의 임무가 특별한 이유도 여기에 있습니다.

수백 년을 견디고 꽃을 피우는 씨앗

*

식물은 우리의 삶의 터전을 제공하고, 식량과 의약품, 목재 등의 자원으로 이용되는 등 인류에게 다양한 이로움을 주어왔습니다. 하지만 기후변화나 자연재해, 질병 등으로 멸종이 우려되는 식물들이 해마다 늘어가고 있으며, 전쟁이나 핵폭발, 소행성 충돌 등과 같은 이유로 지구 차원의 대규모 멸종이 일어날 가능성도 항상 존재하고 있어요. 2021년 7월 7일 국립생물자원관은 국내 서식 포유류 47종, 관속식물 554종에 대한 멸종위험 상태 현황을 나타낸『국가생물적색자료집』을 발간했는데, 이에 따르면 국내 서식 중인 관속식물 중 202종은 세계자연보전연맹 IUCN 지침 기준 멸종우려범주에 해당한다고 해요. 관속식물은 줄기에 물관과 체관이 발달하고, 종자를 만들어 내는 식물로, 보통 우리 주변에서 볼 수 있는 식물의 대부분을 차지하지요. 또한 5종(나도풍란, 다시마고사리삼, 무등풀, 벌레먹이말, 줄석송)의 식물은 과거 우리나라에 살았었지만, 어느 시점 이후로 오랫동안 관찰되지 않아 절멸된 것으로 분류되었어요.

 이런 상황에서 세계 각국은 종자를 보관하는 것의 중요성을 인식하고, 식물자원의 연구와 보존, 이용을 위한 종자의 장기저장 시설을 운영하고 있어요. 종자는 흔히 씨앗이라고도 부르는데, 종자의 겉은 단단한 껍질로 싸여 있어 식물이 살기 적당한 환경이 될 때까지 휴면 상태를 유지할 수 있습니다. 식물의 종류와 보관 상태에 따라 휴면 기간은 짧게는 수 주에서 길게는 수년에 이를 수 있다고 해요. 2009년에는 문화재 발굴 도중 약 700년 전인 고려시대의 것으로 추정되는 연꽃 씨앗이 발견되었는데, 2010년에 이것을 심었더니 싹이 나고 자라 꽃이 피었어요. 기존의 연꽃 중에서는 같은 종을 찾을 수 없는 것으로 보아 과거에 살았다가 멸종되었던 것으로 유추할 수 있었지요. 무려 700년이나 지난 후에 종자를 통해 복원된 이 종에는 발견된 함안 지역의 옛 나라 이름인 아라가야에서 따 '아라홍련'이라는 이름을 붙였어요. 이렇게 종자를 보관하고 있으면, 그 종 또는 어떤 종이 보유한 유전자가 사라지더라도 다시 복원할 수 있습니다.

지구 최후의 날을 대비하라!: 시드볼트

✸

식물 유전자원 보존을 위한 국제식물유전자원위원회IBPGR에서는 종자 저장을 장기저장(-10~-20℃, 수십~100년 이상, 유전자원의 영구적 보존), 중기저장(0~5℃, 20년 보존과 수시 활용), 단기저장(실온 또는 5℃ 정도, 2~3년 보존과 임시적 사용) 등으로 구분하고 있는데, 종자저장시설이란 이러한 일정 온도와 습도가 지속적으로 유지되도록 만든 시설이에요. 대표적인 종자저장시설이 바로 종자은행(씨앗은행, Seed Bank)과 시드볼트(종자금고, 씨앗금고, Seed Vault)입니다. 두 시설 모두 종자를 건조 밀봉하여 저온에 장기보관한다는 공통점이 있지만, 운영 목적에 차이가 있어요. 종자은행은 현재의 식물 연구나 증식의 목적으로 종자와 식물의

DNA 정보를 보관하는 시설이지만, 시드볼트는 현재가 아닌 지구에 더 이상 식물이 없게 되었을 미래를 위해 종자를 저장해 두는 시설이에요. 그래서 종자은행은 중·단기적인 저장을 하고, 종자의 출입이 상대적으로 자주 일어 나지만, 시드볼트는 영구 적인 저장을 목적으로 하고 있기 때문에 정말 특수한 상황이 아니고는 종자를 절대 반출하지 않 는다고 합니다. 예기치 못한
지구적 규모의 대재앙이 일어났을 때 살아남은 사람들의 생존을 위해 식량과 기타 식물의 종자를 저장하고 있는 것이기 때문에 시드볼트는 지구 최후의 날 저장고라 불리거나 현대판 노아의 방주에 비유되기도 해요.

종자은행이 2006년 기준 1,300여 군데에 이를 정도로 세계 각국에 많이 존재하는 것과는 달리 시드볼트는 전 세계를 통틀어 단 두 곳에만 있어요. 2008년에 건립된 노르웨이 스피츠베르겐섬의 '스발바르 글로벌 시드볼트'와 2015년에 우리나라 경상북도 봉화군에 세워진 '백두대간 글로벌 시드볼트'입니다. 백두대간 시드볼트는 해발고도 600미터 지점에서 지하로 46미터 파고 들어간 터널 형태로 되어 있어요. 종자를 안전하게 보존하기 위해 60센티미터 두께의 강화 콘크리트와 3중 철판 구조로 되어 있으며, 규모 6.9의 지진을 버틸 수 있는 내진 설계는 물론 혹시 모를 전력 중단에 대비해서 자가발전기까지 운영되고 있다고 해요. 또한 시드볼트가 있는 장소는 조선시대 후기에 『조선왕조실록』등의 중요 문서를 보관했던 태백산사고지 근처인데, 이는 전국을 통틀어 지리적으로 가장 안전한 곳에 중요 문서를 보관하고 관리해 왔던 조상들의 지혜를 빌린 것이지요.

 시드볼트 내부는 영하 20℃와 상대습도 40% 미만을 항상 유지하도록 항온항습 시스템을 가동하고 있으며, 200만 점 이상의 종자를 보관할 수 있어요. 2025년 5월 기준 백두대간 시드볼트에 저장된 종자의 종류는 총 6,208종이고, 종자의 수는 28만 908점에 달한다고 합니다. 노르웨이 시드볼트는 국제건조지역농업연구센터ICARDA의 요청으로 2015년과 2017년, 2019년에 종자를 내보냈어요. 국제건조지역농업연구센터는 중동지역에서 자라는 작물의 종자를 보관하고 연구하는 기관인데요, 시리아 내전으로 인해 기존의 시설에 접근할 수 없게되어 새로운 종자은행을 만들어야 했어요. 그래서 노르웨이 시드볼트에 맡겼던 종자의 일부를 받아갔다고 합니다.

 〈월·E〉에 등장한 인류는 지구에서 식물을 발견할 때까지 결국 지구로 돌아오지 못한 채 우주 유람선 안에 갇혀 살아갈 수밖에 없었습니다. 식물이 살지 못하는 환경에서는 사람도 살 수 없다고 판단했기 때문이었지요. 아무리 종자를 저장하고 있더라도 적절한 환경이 유지되어야 종자가 휴면 상태에서 깨어날 수 있어요. 종자의 보관만으로 안심하지 말고, 지구 생태계의 일원으로서 현재를 함께 살아가고 있는 생물들과 공존할 수 있는 환경을 소중하게 지켜나가야 하는 이유이기도 합니다.

인체와 의학

1 — 감각이 전하는 신호
2 — 면역과 질병에 담긴 대화
3 — 의학의 미래 — 다시 쓰는 생명

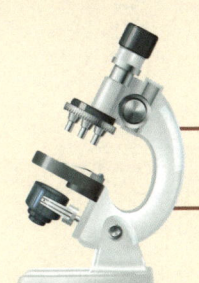

내 몸속 생명 이야기

1

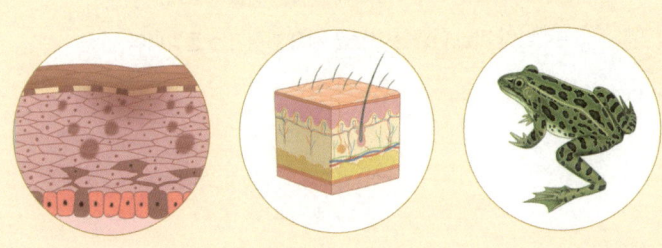

감각이 전하는
신호

#자외선을 막는 지혜,
멜라닌 색소

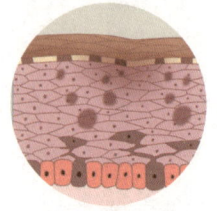

멜라닌은 자외선으로부터 피부 세포를 보호하기 때문에
환경에 따라 분포와 조성이 달라
다양한 피부색의 원인이 되기도 합니다.
인간뿐만 아니라 심해에 이르까지 다양한 생물이 가지고 있어서
멜라닌이 지닌 다양한 기능을 계속 밝혀가는 중입니다.

 여름 하면 떠오르는 것 중에 뜨겁고 밝은 태양이 빠질 수 없지요. 한동안 흐린 날이 지속되다가 해가 나면 반갑기도 해요. 하지만 강렬하게 내리쬐는 햇볕 아래 너무 오래 있으면 피부가 금방 까맣게 타는 것을 볼 수 있습니다. 피부가 타는 현상은 어떻게 일어나는 것일까요?

태양에서 오는 자외선

✳

지구는 태양계의 세 번째 행성으로 태양 주변을 공전하고 있어서 태양이 지구에 미치는 영향은 절대적이라고 할 수 있어요. 지구 생명체의 역사도 태양과 밀접한 관련이 있는데, 특히 약 35억 년 전 등장하여 지구 최초의 생명체라고 알려진 시아노박테리아Cyanobacteria는 햇빛을 이용해 광합성을 해왔어요. 광합성의 결과로 배출된 산소는 이후 지구의 생태계가 지금처럼 다양해지도록 하는 데에 결정적인 역할을 했지요. 햇빛이라고 하면 보통 밝은 빛을 먼저 떠올리지만 사실 지구로 오는 태양에너지는 가시광선뿐만 아니라 적외선, 자외선, 전파, 엑스선, 감마선 등 다양한 전자기파로 이루어져 있어요. 그중에서도 피부가 타는 현상은 바로 자외선과 관련이 있습니다.

피부는 왜 검게 탈까?

✳

사람의 피부는 가장 바깥쪽부터 표피, 진피, 피하조직으로 구성되어 있어요. 표피에는 각질층이 있어서 단단하게 각질화된 죽은 세포들이 모여 몸을 보호하고, 시간이 지나면 떨어져 나가지요. 진피는 세포들이 두껍게 층을 이루고 있는 부분으로 혈관이 발달해 있어서 피부세포에 양분을 공급하고, 체온 조절에도 관여해요. 땀샘과 피지샘과 같은 외분비샘도 진피에 있어요. 피하조직에는 세포질 내에 지방을 축적한 지방세포들과 혈관이 있습니다. 표피의 가장 안쪽이면서 진피와 만나는 부분에는 한 층의 세포로 된 기저층이 있어요. 기저층에는 멜라닌을 생성하는 색소형성세포(melanocyte, 멜라노사이트)와 왕성한 세포분열로 각질세포를 만들어 내는 각질형성세포(keratinocyte, 케라티노사이트)가 1:4~1:10의 비율로 있지요. 색소형성세포는 한 개당 평균 36개의 각질형성세포와 접해 있다고 해요. 생성된 멜라닌은 멜라닌소체(melanosome, 멜라노솜)라고 부르는 과립에 싸인 형태로 각질세포들 안에 들어 있게 됩니다. 색소형성세포의 수는 사람의 피부색에 관계없이 일정하지만, 멜라닌소체의 수와 크기, 분포, 멜라닌화 정도 등의 요인에 따라 피부색이 달라진다고 해요. 세포분열로 만들어진 피부세포는 표피 쪽으로 계속 밀려 올

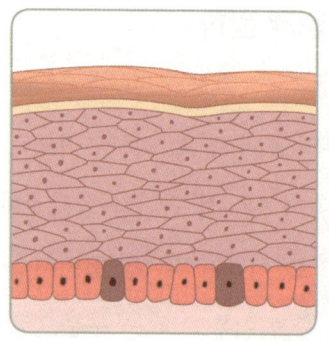
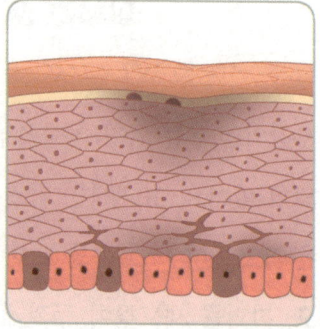

라가는데, 이때 세포 안에 들어 있는 멜라닌도 함께 이동합니다. 멜라닌이 포함된 피부세포가 표피의 가장 바깥쪽인 각질층까지 올라오는 데는 보통 약 30일이 걸린다고 해요.

　흑갈색을 띠는 멜라닌 색소는 사람의 피부, 모발, 망막, 신경계 등 다양한 곳에 존재해요. 색소형성세포가 멜라닌을 많이 합성하거나 적게 합성하는지에 따라 피부 색깔이 진해지거나 옅어지는데, 색소형성세포를 자극하여 멜라닌을 증가시키는 대표적인 원인이 바로 자외선이에요. 자외선은 DNA에 손상을 주어 생명체에 돌연변이를 일으킵니다. 이 원리를 이용해서 살균 소독을 하기도 하지만, 자외선에 과다하게 노출되면 사람도 위험할 수 있습니다. 피부암이나 백내장의 주요 원인도 자외선이지요. 체내의 멜라닌 색소는 우리 몸에 들어오는 자외선을 흡수해 열에너지로 전환시키거나 산란 또는 반사하여 피부에 들어오는 자외선의 양을 조절해서 우리의 몸을 보호해요. 따라서 자외선

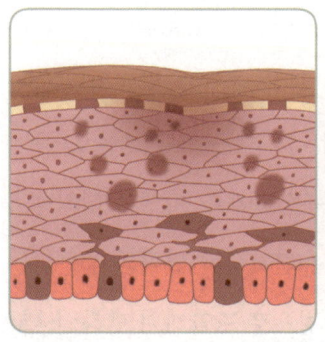
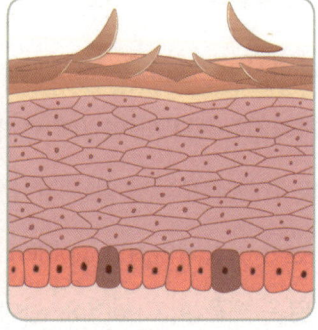

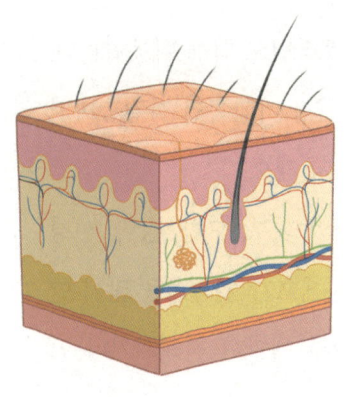
에 노출되면 세포를 보호하기 위해 평소보다 더 많은 멜라닌 색소가 생성되고 결과적으로 피부가 검게 변하는 것이지요. 시간이 지나 각질층의 오래된 세포들은 몸에서 떨어져 나가기 때문에 자외선 자극을 받지 않은 세포가 기저층에서 만들어져서 표피로 올라오는 약 60일 정도 지나면 검게 탄 피부는 원래대로 돌아온다고 해요. 하지만 계속 강한 자외선을 받으면 회복이 더 오래 걸립니다.

제브라피시로 밝혀낸 사람 피부색의 비밀

*

2005년 12월 《사이언스Science》에는 사람의 피부 색깔과 제브라피시zebrafish라는 물고기에 관한 연구가 발표되었어요. 제브라피시는 생물학 연구에 널리 이용되는 모델 생물로, 몸에 얼룩말 같은 줄무늬가 있는 것이 특징이에요. 야생 상태의 줄무늬는 진한 검은색이지만, golden 유전자 돌연변이의 줄무늬는 매우 엷은 색을 띠고 있어요. 현미경으로 보았더니 멜라닌 세포의 크기가 야생형보다 작고, 수도 적었지요. 연구팀은 제브라피시에서 golden 돌연변이를 일으키는 유전자를 분리한 후 인간 게놈 데이터베이스를 분석해서 이 유전자가 사람의 SLC24A5 유전자와 유사하다는 것을 알아냈어요. 또한 golden 돌연변이 제브라피시에 사람의 SLC24A5 유전자를 주입한 결과 정상의 줄무늬로 회복된 제브라피시가 태어난 것을 확인하여 두 유전자의 유사성을 다시 확인했습니다. 사람의 SLC24A5 유전자가 제브라피시의 golden 유전자와 같은 역할을 한다는 것이었지요. 연구진은 두 유전자 모두 체내 색소형성세포와 그 발현에 관여하는 효소 발현에 영향을 주어 각각 줄무늬 색과 피부색에 영향을 주는 결과가 나타났다고 설명했습니다. 나아가 이 유전자 조성의 차이가 지역별 피부색의 차이와도 관계 있다는 사실을 밝혀냅니다. 피부색소형성에 관련된 유전자는 100여 개 이상이고, 사람의 피부색 역시 다양한 원인으로 차이가 생길 수 있지만, 특히 SLC24A5 유전자는 아프리카와 유럽인 간 색소 차이의 24~38% 정도의 원인을 제공하는 것으로 알려져 있어요.

훨씬 더 검은
심해 울트라블랙 물고기

*

그럼 햇볕이 안 드는 심해의 물고기는 멜라닌 색소를 안 가질까요? 《커런트 바이올로지》에는 울트라블랙 물고기에 관한 연구가 소개됐어요. 미국 연구팀은 멕시코만과 몬터레이만의 심해에 사는 검은 물고기 39종을 조사하여 이 중 심해이빨흑고기를 비롯한 16종은 다른 종과는 달리 보통 검다고 표현하는 것들보다 20배 이상 검고, 피부의 빛 반사율이 0.5% 미만에 불과하다는 것을 알아냈어요. 전자현미경 관찰결과 보통의 검은 물고기들은 멜라닌 색소를 가진 세포가 작고 둥근 진주 모양으로 배열되어 있었는데, 울트라블랙 물고기들은 길쭉하고 큰 세포들이 상대적으로 촘촘하게 배열되어 있었지요. 이런 특징 덕분에 어두운 심해에서 다른 물고기들보다 빛을 더 많이 흡수하여 거의 보이지 않게 위장할 수 있기 때문에 먹이를 잡거나 포식자를 피하는 데 굉장히 유리하다고 해요. 일반 검은 물고기보다 무려 6배나 가까운 거리에서도 상대방에게 잘 띄지 않는다니 검은색보다 더 검은 울트라블랙이네요.

매운 #자극이 뜨겁고 아픈 이유,
피부감각

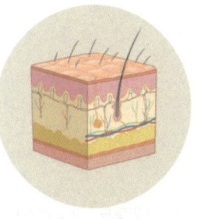

피부는 외부 환경으로부터
우리 몸을 방어하는 장벽이면서
다양한 자극을 감지해 신호를 보내는 중요한 기관입니다.
노벨생리의학상까지 받은
피부감각의 비밀을 알아봅시다.

아침저녁으로 선선한 공기가 감돌다가 어느 순간에는 바람 끝이 날카롭게만 느껴집니다. 겨울이 왔음을 깨닫는 순간입니다. 시간이 흐르면 다시 피부에 따스함이 닿는 날이 돌아오겠지요. 우리는 몸을 스치는 바람의 서늘함을 통해 계절의 변화를 느낄 수 있습니다. 인체는 어떻게 보이지도 않는 바람을 느끼고, 온도 변화까지 감지해 내는 것일까요? 2021년 노벨생리의학상은 바로 이렇게 피부에서 자극을 감지하는 원리를 연구한 두 명의 과학자에게 주어졌어요. 미국 샌프란시스코 캘리포니아대학 UCSF의 데이비드 줄리어스David Julius 교수와 미국 스크립스 연구소의 아르뎀 파타푸티언Ardem Patapoutian 교수가 바로 그 주인공이에요.

생물의 감각, 사람의 오감

*

자극을 감지하고 적절하게 반응하는 것은 생물이 갖는 중요한 특성입니다. 생물을 둘러싸고 있는 내외부 환경은 끊임없이 변화하기 때문에 정보를 계속 받아들여서 적절하게 반응해야 안전하게 살아갈 수 있어요. 태양이 너무 뜨겁거나 비가 오면 이를 피하고, 포식자의 기척을 느끼면 도망가거나 방어태세를 갖추게 되지요. 길을 걷다가 빨간 신호등을 보면 멈추고, 갑자기 얼굴을 향해 공이 날아오면 피하기도 합니다. 뜨거운 물에 손이 닿으면 "앗 뜨거!"라는 말과 함께 순간적으로 손을 멀리 떼고, 뾰족한 것을 밟으면 발을 번쩍 들게 되기도 해요. 이렇게 할 수 있는 이유는 생물의 몸에 자극을 감지하고, 신경계로 신호를 전달하는 감각기관 또는 감각세포가 있기 때문입니다.

사람이 느끼는 대표적인 감각에는 시각, 후각, 미각, 청각, 피부감각이 있습니다. 각 감각을 담당하는 기관은 눈, 코, 혀, 귀,

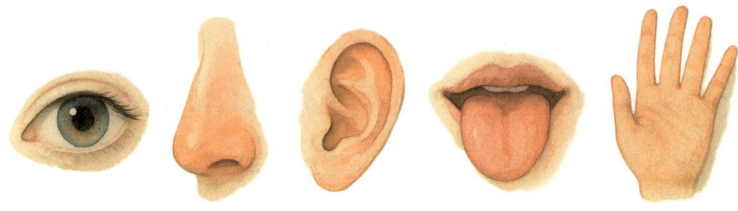

피부가 대표적이지요. 감각기관마다 받아들이는 자극의 종류는 다르지만, 받아들인 자극을 전기적인 신호로 바꾸어 신경계로 전달한다는 공통점을 가지고 있어요. 후각 자극을 예로 들어 볼게요. 기체 상태의 화학물질이 공기 중을 떠다니다가 콧속으로 들어오면 콧구멍을 지나 코 천장에 있는 후각 상피에 도달해요. 화학물질은 이곳의 끈적한 점액질에 달라붙어서 녹아들어 가고, 내부에 있는 후각세포를 자극하게 되는데, 세포 표면에 있는 수용체가 이 자극을 인지하고 전기 신호로 변환해 후각 신경을 거쳐 우리의 대뇌까지 전달해요. 그럼 우리는 최종적으로 냄새를 인식하게 됩니다. 외부의 자극은 화학물질이나 소리, 시각적 자극 등 다양하지만, 생물의 신경계는 전기화학적 신호를 통해서만 정보를 전달하기 때문에 사람이 어떤 자극을 느낀다는 것은 체내에 그것을 인식하고 전기적인 신호로 바꾸어 주는 감각수용체가 있다는 의미이기도 해요. 이처럼 감각은 생물이 외부와 소통하는 기본적이고도 중요한 생리 현상이기 때문에 눈의 시각 전달 과정(1967년), 시각 정보 처리 과정(1981년), 후각 기관과 후각 수용체(2004년)를 연구한 연구자들이 역대 노벨의학상을 수상했습니다. 그리고 2021년에는 피부감각 수용체 연구자들이 수상자가 되었답니다.

피부감각: 촉각, 통각, 온각, 냉각, 압각

*

사람의 피부에서 자극을 감지하는 감각수용기는 촉각, 통각, 온각, 냉각, 압각을 감지하는데, 이 중 촉각, 통각, 온각, 냉각 수용체는 피부 표면에, 압각 수용체는 상대적으로 깊은 곳에 점으로 분포하고 있어요. 촉각과 압각은 피부에 가해진 압력을 감지하는데, 압각은 상대적으로 큰 기계적 압박을 감지하고, 촉각은 피부에 접촉한 자극을 인식해요. 온각과 냉각은 각각 뜨거움과 차가움을 감지하는 온도감각이고, 통각은 아픔을 느끼는 감각으로 알려져 있어요. 신체부위마다 분포하고 있는 감각점의 종류와 밀도에 차이가 있는데, 감각점이 밀집해서 많이 분포할수록 해당하는 감각을 더 예민하게 느낄 수 있다고 해요. 예를 들어 촉각은 손가락 끝이나 입술에서 가장 예민하게 느껴지고, 압각은 주로 피하결합조직이나 근막 등에 있다고 해요. 우리 몸에 전체적으로 보면, 평균적으로 통점(100~200개/cm^2), 압점(25개/cm^2), 냉점(6~23개/cm^2), 온점(0~3개/cm^2)의 순서로 많이 존재하지요. 하지만 어느 자극이든 강도가 너무 크면 통각으로 인식된다고 해요.

피부감각은 임신 8주 차에 형성될 정도로 이른 시기에 발달하는 것으로 알려져 있습니다. 엄마 뱃속에 있는 태아일 때부터 손가락을 빠는 모습이 관찰되는데, 이것을 통해서 촉각이 발달한 것을 알 수 있다고 해요.

매운 것을 먹거나 만지면 왜 뜨겁고 아플까요?

*

이렇게 피부감각에는 여러 종류가 있다는 것이 알려져 있지만, 1990년대 후반까지만 해도 피부에 가해지는 온도와 기계적 자극이 어떻게 전기적 신호로 변환되어 신경계로 전달되는지는 몰랐습니다. 그러던 중 줄리어스 교수가 매운 고추를 먹거나 만지면 통증과 열이 느껴지는 이유에 호기심을 느끼고, 매운맛의 주성분인 캡사이신이 우리 몸에 화끈거리는 느낌을 주는 원리를 연구하게 되었어요. 과도하게 매운 것을 먹을 때 혀뿐만 아니라 입 주변까지 화끈거릴 정도로 열이 나고 아팠던 경험이 있나요? 그 원인이 되는 물질이 바로 캡사이신입니다. 예전에는 당시 캡사이신이 통각을 자극하여 신경세포를 활성화한다고 알려져는 있었지만, 실제 어떤 경로로 기능하는지는 밝혀지지 않았었지요. 줄리어스 교수는 통증, 열, 접촉 등에 반응하는 신경세포 유전자를 분석하여 세포를 캡사이신에 민감하게 만드는 유전자를 새롭게 찾아냈어요. 그리고 이 유전자에서 만들어지는 특정 단백질에 캡사이신이 달라붙으면 전기신호가 생성되어 신경계를 거쳐 뇌까지 전달된다는 것을 알아냈어요. 그러면 우리는 통증과 함께 43도가 넘는 뜨거움을 느끼게 된다고 합니다. 단백질이 자극의 수용체 역할을 하는 것이지요. 이 단백질이 바로 온도와 통증을 감지하는 수용체 TRPV1 Transient receptor potential cation channel subfamily V member 1 입니다.

이 연구 결과는 1997년 네이처에 발표되었고, 이후 다른 온도 감지 수용체를 찾는 연구와 수용체의 작용 원리를 응용하여 신경 통증 자극을 줄여주는 치료제 연구 등에도 중요하게 이용되고 있다고 해요. 외상으로 캡사이신 유사물질이 분비되면 작열통과 같은 통증 질환이 발생할 수 있는데, 수용체가 작동하면 통증을 느낀다는 것은 반대로 수용체의 기능을 저해하면 통증을 줄일 수 있다는 것을 의미하기도 하기 때문에 이 원리를 통증

치료제 연구에 이용할 수도 있습니다.

누르고 꼬집고 만지고⋯ 기계적 자극은 어떻게 감지될까요?

*

또 한 명의 수상자인 파타푸티언 교수는 우리 몸에 주어지는 기계적인 자극이 인체 내에서 어떻게 전기 신호로 바뀌어 감각으로 수용되는지에 관한 연구를 진행했어요. 기계적인 자극은 우리 몸에 촉각이나 압각으로 인식되어 전기적 자극으로 활성화될 텐데 그것을 매개하는 수용체가 박테리아에서는 발견되었지만, 척추동물에서는 알려지지 않았다고 해요.

파타푸티언 교수는 마이크로피펫의 뾰족한 끝으로 세포를 찔렀을 때 전기 신호를 방출하는 세포를 찾고, 이 세포의 수용체를 암호화하고 있는 후보 유전자 72개를 발견했어요. 그리고 그 유전자들을 하나씩 비활성화해 가면서 기계적 감각의 수용에 관여하는 유전자를 확인하는 방식으로 수용체를 찾아냈어요. 이후 유사하게 작동하는 다른 수용체를 추가로 발견하여 각각 피에조1 PIEZO1, 피에조2 PIEZO2 라고 이름 붙였답니다. 후속 연구에서 파타푸티언 교수는 피에조1과 피에조2가 외부의 기계적 자극을 감지할 뿐만 아니라 체내에서 혈압, 호흡, 방광 조절 등의 생리 작용을 조절하는 데에도 관여한다는 것을 추가로 밝혀 냈습니다.

줄리어스와 파타푸티언 교수의 연구 성과 덕분에 우리는 열과 냉기, 기계적 자극이 어떻게 신경 신호로 바뀌는지 이해할 수 있게 되었고, 알게 된 지식을 활용해 많은 질병에 대한 치료법과 새로운 종류의 진통제 등이 연구 중이에요.

내가 간지럽힐 때와
남이 간지럽힐 때는 왜 다를까?

*

과거에는 간지러움이 통각의 일종이라고 생각했어요. 하지만 1990년 척수손상으로 인해 통증을 느끼지 못하는 환자들도 간지러움을 느낀다는 연구가 발표된 이후 촉각과 통각의 혼합 또는 변형으로 인해 간지러움이 발생하는 것이라고 추정했지요. 하지만 아직 확실하게 밝혀지지 않았습니다. 그럼 내가 간지럽힐 때와 남이 간지럽힐 때는 왜 다르게 느껴질까요? 스스로 간지럽힐 때는 예측 가능한 자극이지만, 남이 간지럽힐 때는 외부로부터 들어오는 예측 불가능한 자극이기 때문에 더 민감하게 반응한다고 해요. 어디를 어떻게 얼마나 오래 간지럽힐지 예측할 수 없기 때문이지요.

개구리와 내가 다른 #설계,
세포 죽음

개구리는 자라면서 꼬리가 사라지고
물갈퀴 달린 발을 갖게 됩니다.
사람도 처음에는 물갈퀴를 가지고 있었는데,
세포 죽음 덕분에 물갈퀴는 사라지고
손가락과 발가락이 만들어졌대요.

물속에서 앞으로 나아가는 여러 방법 중에 '개구리헤엄'이 있어요. 개구리처럼 물과 수평을 이루며 양쪽 발을 오므렸다가 쭉 펴면서 물을 밀고 나아가는 수영 방법이기 때문에 개구리헤엄이라고 부르게 되었지요. 물속에서 긴 뒷다리로 물을 쭉쭉 밀고 앞으로 나아가는 개구리의 모습이 상상해 보세요. 개구리는 어떻게 헤엄을 잘 칠 수 있을까요?

개구리 물갈퀴

*

　개구리는 알에서 깨어나 올챙이 시절을 보내다가 뒷다리와 앞다리가 나오고, 꼬리가 점점 짧아지면서 개구리가 돼요. 올챙이 때는 꼬리지느러미를 이용해서 헤엄치고, 개구리가 되어서는 육지 생활을 하기도 하지만, 물속에서도 자유롭게 움직일 수 있어요. 개구리가 지느러미 없이도 수영을 잘할 수 있는 비결은 바로 뒷다리에 있는 물갈퀴 덕분이지요. 개구리도 사람처럼 앞발과 뒷발에 발가락을 가지고 있지만, 우리와는 달리 뒷발가락 사이사이는 얇은 막으로 연결되어 있어요. 이것을 물갈퀴라고 부른답니다.

　그런데 사람도 원래는 물갈퀴를 가지고 있었다는 사실을 알고 있었나요? 엄마 뱃속에 있는 태아 초기 시기에는 물갈퀴가 있다가 이후에 점차 사라져서 물갈퀴 없이 태어난다고 해요. 하지만 개구리는 물갈퀴가 계속 남아 있는 상태로 성장합니다. 개구리는 어떻게 물갈퀴를 계속 가지고 있을까요?

세포가 죽는 원리

*

　모든 생명체는 세포로 이루어져 있어요. 그래서 세포를 생명체를 이루는 기본 단위라고 하지요. 생물마다 가지고 있는 세포들은 수와 종류가 매우 다양하고, 몸 안에서 각자 자신의 역할을 하고 있어요. 생물체가 먹고 숨 쉬며 살아가기 위해서는 세포들이 자신의 위치에서 자기 역할을 시기에 맞게 잘 수행하는 것이 중요해요. 하지만 세포들도 수명이 있어서 시간이 지나면 죽기도 하고 새로 생겨나기도 한답니다. 세포의 죽음에도 종류가 있는데 대표적인 것은 세포 괴사necrosis와 계획된 세포 죽음인 세포 사멸apoptosis이에요. 세포 괴사는 병원균 감염이나 사고에 의한 손상 등으로 세포가 파괴되는 것이라면, 세포 사멸은 생물의 발생 과정에서 유전적으로 프로그램된 방식으로 세포가 스스로 사멸하는 것을 의미해요. 죽은 세포는 분해된 다음 식세포에 의해 사라지게 돼요.

세포 사멸과 물갈퀴의 관계는?

*

사람의 손가락과 발가락 사이에 물갈퀴가 없는 이유는 바로 세포 사멸 때문이에요. 태아 시기에는 손가락과 발가락 사이가 연결되어 있다가 발생이 진행되면서 사이의 세포들이 죽어서 사라지고, 손가락과 발가락만 남은 것이지요. 쥐나 도마뱀 등 발가락을 가지고 있는 많은 동물의 발생 과정에서도 이런 일이 일어나요. 하지만 개구리의 뒷발가락에서는 세포 사멸이 일어나지 않아서 발가락 사이의 세포들이 그대로 남아 얇은 막의 형태로 자라나게 되지요.

개구리뿐만 아니라 물갈퀴를 가진 다양한 동물들도 마찬가지랍니다. 물갈퀴의 유무가 세포 사멸 때문이라는 것은 기존에도 알려져 있던 사실이었어요. 육상동물들은 세포 사멸로 인해 분리된 발가락을 가진 경우가 많았고, 전 생애를 물속에서만 생활하거나 물속과 육지 모두에서 생활하는 동물들일수록 물갈퀴를 유지하고 있는 경우가 많아요. 심지어 오리와 닭은 모두 조류이지만 오리는 물갈퀴를 계속 갖고 있고, 닭은 물갈퀴 세포들이 사라졌습니다. 이처럼 비슷해 보이는 생물이라도 세포 사멸이 일어나는 방식이 다르다는 것도 밝혀졌어요. 오리와 비슷하게 생겼지만 두루미목에 속하는 물닭*Fulica atra*은 발가락 사이 세포 중에서 일부만 세포 사멸로 사라지고, 발가락 주변에 세포들이 부분적으로 남아 있는 판족이라는 독특한 형태의 발을 가지고 있어요.

세포 사멸의 중요한 요인, 산소 농도

과학자들은 이러한 세포 사멸의 원인을 찾기 위해 연구해 오다가 육상 생물을 하는 동물들은 물에서보다 높은 산소 농도 속에서 살아간다는 점에 주목하게 되었어요. 그리고 마침내 아프리카발톱개구리 *Xenopus laevis* 를 이용하여 발생 과정에서 주변 산소 농도가 세포 사멸이 일어나는 데 중요한 역할을 한다는 것을 밝혀냈습니다. 어렸을 때 올챙이로 지내다가 개구리로 변하는 아프리카발톱개구리는 원래 물갈퀴를 가지고 있지만, 올챙이 때 산소 농도를 매우 높게 한 수조에 넣어 길렀더니 세포 사멸이 일어나 물갈퀴가 모두 사라진 개구리가 되거든요.

같은 개구리 종류라도 올챙이 시기 없이 육지에서 바로 개구리로 태어나는 코키개구리 *Eleutherodactylus coqui* 는 앞발가락과 뒷발가락 모두 물갈퀴가 없습니다. 몸속에서 발생한 활성산소로 인해 산소 농도가 높은 조건에서 발생했기 때문이에요. 또한, 닭의 발 세포를 매우 낮은 산소 농도에서 생장시켰더니 세포 사멸이 일어나지 않고 물갈퀴가 남은 것을 확인했어요. 이런 결과들을 종합해볼 때 산소 농도가 세포 사멸에 중요한 요인이라는 것이 더욱 확실하게 되었지요. 이를 통해 환경에 따라 생물의 발가락이 다양한 모습으로 진화했다는 것을 알게 되었어요. 그뿐만 아니라 발가락의 형태가 다양해지면서 과거 지구에서는 물에서만 살던 동물들이 점점 더 넓은 지역으로 퍼져나갈 수 있었을 것으로 추정하고 있어요.

올챙이가 개구리로 변해갈 때 꼬리가 점점 사라지는 것도 세포 사멸 때문이에요. 세포 사멸은 사람의 신경계에서도 중요한 역할을 해요. 우리의 뇌에서는 생후 1개월 이내에 신경세포의 약 20~50%가 사멸되면서 정상적인 연결이 일어납니다. 또한 신경세포인 뉴런은 손상되면 세포 죽음으로 제거되어야 합니다. 만약 불필요하거나 손상된 세포가 적절하게 제거되지 않으면 이것이 결국 종양의 원인이 될 수 있어요. 이처럼 적절한 세포 죽음은 생명체의 정상적인 발생과 건강 유지를 돕는데 중요한 역할을 합니다.

개구리의 물갈퀴와 우리의 발가락 사이에 이런 비밀이 숨어 있었다니 흥미롭지 않나요? 우리도 수영을 잘하기 위해 물갈퀴 모양 신발을 신고 헤엄치기도 하지요. 물갈퀴로 쭉쭉 헤엄치는 모습을 떠올리며 시원한 여름을 보내면 어떨까요?

2

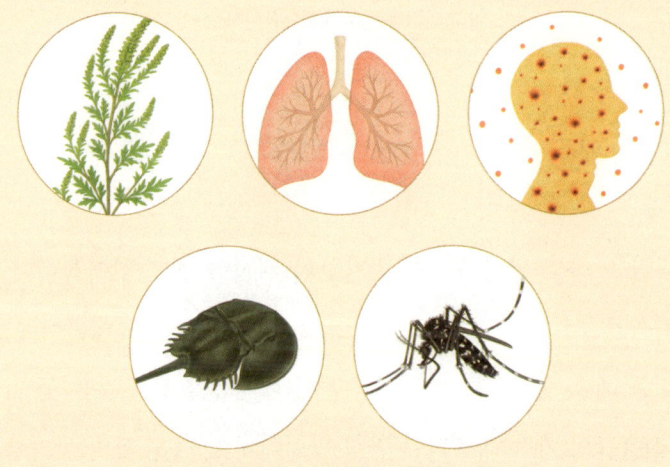

면역과 질병에 담긴 대화

콧물을 부르는 꽃가루 #알레르기,
돼지풀

꽃가루는 식물의 생식에 중요하지만,
알레르기 반응을 일으키기도 합니다.
기후변화와 대기오염 때문에
그 피해가 더 커질 것으로 예상되므로
미리 대비하는 것이 필요합니다.

바람을 타고 날아다니는 꽃가루의 계절이 매년 찾아옵니다. 현화식물들은 저마다의 모습으로 꽃을 피워 다음 세대를 위한 준비를 해요. 꽃가루를 만들어 다른 꽃에게 전달하는 것은 꽃 피는 식물들의 가장 대표적인 번식 방법이에요. 다른 꽃의 꽃가루가 암술머리에 묻는 수분이 일어나면, 꽃가루 안의 정핵이 이동하여 씨방 속의 밑씨와 만나는 수정이 일어나게 되지요. 그런데 식물은 다른 꽃을 만나기 위해 스스로 이동할 수 없기 때문에 수분을 위해서는 도움이 필요해요.

우리에게도 도움을 주는 꽃가루

*

　식물의 수분을 돕는 대표적인 매개체로는 곤충, 바람, 물 등이 있어요. 벌과 나비 등의 곤충이 이 꽃, 저 꽃 날아다니며 꿀을 먹는 동안 몸에 꽃가루가 묻어 곤충이 다른 꽃으로 이동할 때 꽃가루도 함께 이동하지요. 이렇게 곤충의 도움으로 번식하는 충매화가 우리에게 익숙하지만, 꽃가루가 바람을 타고 이동해서 다른 꽃으로 날아가 안착하는 풍매화도 있고, 흐르는 물을 타고 다른 식물에 전해지는 수매화도 있어요. 봄가을에 공기 중을 떠다니며 우리를 괴롭게 하는 꽃가루들이 바로 풍매화의 꽃가루들이지요.

　사실 꽃가루는 꽃의 생식뿐만 아니라 우리에게도 많은 도움을 주고 있습니다. 내부의 정핵을 안전하게 전달하기 위해 환경 변화를 잘 견딜 수 있는 구조와 특성을 가지고 있거든요. 수분에 적합하지 않은 건조한 환경에서는 외부의 막구조를 치밀하고 단단하게 만들어서 내부를 보호하다가 수분에 적합한 환경이 되면 막이 느슨해져서 생식세포가 외부로 나올 수 있도록 하지요. 2020년 4월에는 싱가포르 난양공대 연구팀이 꽃가루의

이러한 특성을 응용해서 인위적으로 외막의 상태를 바꿀 수 있게 하는 연구 결과를 《네이처 커뮤니케이션즈》에 발표했어요. 꽃가루 내부에 필요한 물질을 넣어 운반자로 이용할 수 있는 가능성을 보여주는 연구였지요. 내부에 어떤 물질을 넣어 어느 곳에 투입하느냐에 따라 환경, 의학, 공학 등 다양한 분야에서 응용할 수 있다고 해요. 또한 꽃가루는 꽃의 종류와 환경에 따라 크기와 모양이 다양해서 꽃가루를 분석한 정보를 환경 조사, 범죄 수사, 과거 지구환경과 기후 연구 등에도 활용하고 있어요. 이렇게 유용한 꽃가루는 어쩌다 봄가을의 불청객 소리를 듣게 되었을까요?

알레르기의 원인, 알레르겐

우리의 몸은 스스로를 방어하기 위한 면역체계를 갖추고 있습니다. 종종 외부의 이물질이 신체에 닿거나 내부로 들어오는 경우가 있는데 만약 우리 몸에 해가 되는 병원체가 유입되면 이를 물리치기 위해 면역계가 활발히 반응하게 되지요. 하지만 간혹 몸에 위협이 되지 않음에도 불구하고, 면역반응이 과도하게 일어나는 경우가 있어요. 이런 반응을 알레르기라고 하고, 알레르기의 원인이 되는 특정 물질을 알레르기 항원 또는 알레르겐이라고 합니다. 일반적으로 항원이 우리 몸에 들어오면 면역계에서는 그에 대응하는 항체를 만들어요. 항체는 기본적으로 Y자 형태를 이루고 있는데, 세부 구조와 기능에 따라 IgG, IgA, IgM, IgD, IgE라는 5가지 면역글로불린으로 나눌 수 있어요. 이 중에서도 알레르기 반응과 주로 관련된 것은 IgE입니다. 특정 물질이 알레르겐으로 작용하는 경우 그 물질에 반응하여 혈액 속 IgE 수치가 증가하게 되는데, 이 원리를 이용하여 알레르기 검사를 하기도 합니다. 혈액 속을 순환하고 있는 IgE 항체의 수치를 측정해 알레르기 여부를 진단하는 방법이지요.

어떤 알레르겐에 대해 알레르기 반응을 일으키느냐에 따라 꽃가루 알레르기, 땅콩 알레르기 등의 이름을 붙이기도 합니다. 알레르겐의 종류는 대단히 많고, 사람에 따라 영향을 받는 알레르겐과 알레르기 증상도 천차만별이에요. 같은 물질이라도 사람에 따라 미치는 영향이 다르다는 의미입니다. 꽃가루는 대

표적인 알레르겐이에요. 꽃가루 알레르기 증상을 화분증이라고도 하는데, 알레르기비염, 천식, 결막염, 아토피피부염 등의 증상을 일으킬 수 있다고 해요.

돼지풀:
꽃가루도 엄청난데 생태계 교란종이기까지?

*

우리나라의 경우 화분증은 꽃가루가 활발히 날아다니는 봄가을에 빈번하게 일어납니다. 봄에는 참나무, 자작나무, 오리나무 등 주로 나무에서 피는 꽃의 꽃가루가 주된 알레르겐으로 작용하고, 가을에는 돼지풀, 환삼덩굴, 쑥 등 초본의 꽃가루가 알레르기를 일으킵니다. 미국 환경보호국의 발표에 따르면 매년 1,300만 명 이상이 꽃가루 알레르기 때문에 의료시설을 방문하는데, 가장 흔한 알레르겐은 돼지풀 꽃가루라고 해요. 미국인의 약 15.5%가 돼지풀 꽃가루에 민감한 것으로 추정되고, 미국과 캐나다 아토피 환자의 약 45%에게 알레르겐으로 작용한다고 해요. 그만큼 우리나라는 물론

전 세계적인 알레르기 유발원으로 알려져 있어요. 돼지풀 한 포기가 하루에 100만 개의 꽃가루를 바람을 이용해 600킬로미터 밖까지 날려 보낼 수 있다고 하니 대단한 영향력을 짐작할 수 있겠지요. 우리나라에는 1970년대부터 퍼지기 시작하여 현재는 전국적으로 분포하고 있습니다. 길가나 황무지, 공장지대, 야적지 등에서도 빠르게 적응하여 번성할 정도로 환경적응력이 뛰어나기 때문에 토종 식물의 자생을 방해하고, 생태계의 질서를 파괴하는 생태계 교란식물로 지정되어 있어요.

돼지풀잎벌레야, 도와줘!

*

이와 같은 돼지풀의 강력한 영향 때문에 돼지풀 꽃가루 발생을 줄이기 위한 연구들이 수행되고 있어요. 대표적으로 2020년 4월 22일 돼지풀 꽃가루를 효과적으로 줄일 수 있는 방법이 《네이처 커뮤니케이션즈》에 발표되었어요. 국제농업생명공학연구소와 미국과 유럽의 공동연구진은 2004년부터 2012년까지 유럽 각 지역의 돼지풀 꽃가루 분포를 계절별로 모니터링한 자료와 유럽 전체 296군데에서 꽃가루를 측정한 데이터를 분석하고, 이것을 꽃가루 알레르기 환자 발생 지도와 비교했어요. 그리고 돼지풀을 먹는 돼지풀잎벌레를 해당 지역에 도입하였을 때의 상황을 시뮬레이션 해보았더니 돼지풀 꽃가루 발생량이 평균 82%나 감소하였고, 일부 지역에서는 100% 감소한 것을 확인할 수 있었지요. 농약 등과 같은 화학물질을 사용하지 않고, 생물학적으로 돼지풀을 제거할 수 있다는 것이 증명된 결과예요. 나아가 연구진은 이 방법을 통해 꽃가루 알레르기 환자를 연간 1,120만 명가량 줄이고 관련 의료비를 약 64억 유로(약 8조 4,924억 원) 절약할 수 있다고 발표했어요. 돼지풀잎벌레가 꽃가루 알레르기 환자 수는 물론 건강관리 비용의 감소 효과도 가져올 수 있다는 것이지요.

연구에 따르면 국내에서도 꽃가루 알레르기 환자 발생 비율이 해마다 증가하고 있는데, 특히 대기오염이 심하거나 이산화탄소 농도가 높을수록 대기 중 꽃가루의 농도가 높아져서 환자 발생 비율도 함께 증가한다고 해요. 같은 경향이 2003년과 2009년 유엔과 미국, 유럽의 연구에서도 보고된 바 있으니 전 세계적인 경향이라고 할 수 있겠죠. 지구온난화와 기후변화가 식물의 생장과 번식에 영향을 주고 결국 인간의 건강에도 영향을 주는 셈이에요.

돌이킬 수 없는 것에 #도전하는 연구, 폐암

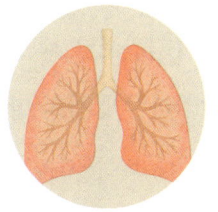

폐에 발암성 화학물질이 들어가면,
조기발견이 어려운 폐암으로 이어질 수 있습니다.
하지만 꾸준한 검진과 금연, 맞춤형 신약 개발 덕분에
손상된 폐세포가 일정 부분 회복될 수 있다는
연구 결과가 나오고 있습니다.

2020년 초에는 신종 코로나바이러스 2019 n-CoV 때문에 마스크를 착용한 사람들을 쉽게 볼 수 있었어요. 이 바이러스는 2미터 반경 내에서 호흡기 비말을 통해 주로 전파되는 것으로 알려졌지요. 우리가 기침이나 재채기를 할 때 호흡기 내부에서 뿜어져 나오는 미세한 물방울에 바이러스가 들어 있을 수 있는데, 바로 이것을 통해 전염된다는 것이죠. 사람의 호흡기 내부는 어떻게 생겼길래 이런 일이 일어날 수 있을까요?

폐의 구조

✻

 지구상의 수많은 척추동물 중에서도 대부분의 양서류와 파충류, 조류, 포유류는 호흡기관으로 폐를 가지고 있어요. 사람의 폐는 양쪽 가슴 내부에 커다랗게 자리 잡고 있는 중요한 기관이지요. 우리는 폐를 통해 외부의 공기를 들이마시는 흡기와 내부의 공기를 내뱉는 호기를 반복하는 호흡운동을 해서 체내 물질대사를 위한 기체교환을 합니다. 이때 폐 속으로 공기가 들어가고 나옴에 따라 폐가 부풀었다가 작아지기를 반복하기 때문에 폐를 풍선에 비유하기도 해요.

 우리가 숨을 들이마시면 주변의 공기가 코와 입을 통해 체내로 들어오게 됩니다. 코로 들어온 공기는 콧속 공간인 비강과 인두, 후두를 거쳐 기관에 이르러요. 기관은 두 갈래의 기관지로 나뉘어서 양쪽의 폐와 연결되고, 기관지는 폐 내부에서 무수히 많은 갈래의 가느다란 세기관지로 나누어지게 됩니다. 세기관지 끝에는 폐포라고 불리는 매우 작은 주머니들이 포도송이처럼 달려 있어요. 외부에서 들어온 공기가 이러한 호흡 경로를 거쳐 약 3억 개나 되는 폐포에 이르면 폐포 주변을 촘촘하게 둘러싸고 있는 모세혈관으로 산소를 전달하고, 이산화탄소를 전달받아서 들어왔던 경로를 역주행해요. 이렇게 폐는 외부 공기와 직접 맞닿아 있는 셈이기 때문에 공기 중에 떠다니는 물질이나 바이러스 등이 곧바로 폐까지 들어올 수 있는 위험성을 항상 가지고 있어요. 그래서 호흡기 보호를 위해서는 마스크 착용이 권장되고 있지요.

흡연으로 인한 손상, 폐암

*

폐는 다양한 이유로 염증이나 질환이 생길 수 있는데 그중에서도 대표적인 것이 바로 폐암이에요. 폐암의 원인은 다양하지만, 특히 담배가 주된 원인으로 손꼽히고 있어요. 1950년 이래 영국의 폐암 환자와 흡연을 주제로 조사한 2010년의 연구 결과에 따르면 폐암으로 인한 사망자 중 80~90%의 사망 원인이 담배에의 노출일 정도로 심각합니다.

우리나라 보건복지부와 통계청에서는 암 사망률과 암 발생률 통계를 매년 9월과 12월에 각각 발표합니다. 2019년 발표 자료에 따르면 국내 암발생률은 위암, 대장암, 폐암 순이지만, 암사망률은 폐암, 간암, 대장암 순이라고 해요. 위암은 발생률이 높지만, 상대적으로 조기 검진과 조기 치료를 받는 경우가 많아 완

치율이 그만큼 올라가고 있는 데 반해 폐암은 조기 발견이 어려워 진단될 때 이미 상당히 진행된 경우가 대부분이고, 같은 폐암 환자라 할지라도 특성이 너무 다양해서 생존율이 낮은 것으로 알려져 있어요. 그래서 정부는 2019년 7월부터 만 54~74세 국민 중 30갑년 이상의 흡연력을 가진 폐암 고위험군에 대해 2년마다 폐암 검진을 실시하도록 지원하고 있지요. 이때 갑년은 흡연량(갑)에 흡연 기간(년)을 곱한 수치를 의미해요.

 담배 연기에는 60가지가 넘는 발암성 화학 물질이 들어 있어서 이 물질들이 체세포의 DNA를 손상시키고, 세포당 1,000개에서 1만 개의 돌연변이를 일으킨다고 해요. 이것이 지속되면 건강했던 세포가 암세포로 변할 수 있지요. 그동안 이러한 발암성 변이와 손상은 사라지지 않는 것으로 여겨져 왔어요.

금연하면 폐 손상이 회복될까?

 그런데 2020년 영국과 일본 공동연구팀은 흡연자라 할지라도 금연을 하면 기관지 세포가 회복될 수 있다는 연구 결과를 《네이처》에 발표했습니다. 연구팀은 흡연자, 과거 흡연했지만 금연한 사람, 비흡연자, 어린이 등 총 16명을 대상으로 기관지 상피세포의 체세포 변이량을 조사했어요. 그 결과 흡연경력은 있지만 금연한 사람들의 경우 담배를 피운 적 없는 사람들과 비슷한 돌연변이 부담을 가지고 있는 것으로 나타났답니다. 담배로 인한 돌연변이 피해를 덜 받은 세포는 금연자들이 4배나 많이 가지고 있었는데 연구진들은 이것을 금연 이후 기관지 내벽 세포가 회복된 것으로 분석했어요. 흡연은 돌연변이부담과 암유발 돌연변이를 증가시키지만, 금연하면 담배 돌연변이를 피한 세포들 덕분에 손상됐던 기관지 상피세포를 회복할 수 있었지요. 사례 연구에서는 40년 동안이나 흡연해 온 사람도 금연 이후에 폐 세포가 재생되었다고 하니 매우 놀라운 결과였죠.

일부러 배양하는 폐암 세포

*

폐 손상의 회복을 다른 측면에서 접근하는 연구들도 지속적으로 이루어지고 있어요. 미국 컬럼비아대학교 연구팀은 쥐의 배아 세포에 다른 동물의 줄기세포를 이식해서 쥐의 폐에 다른 동물의 폐 세포가 자라게 하는 연구를 성공했어요. 폐를 다른 동물의 몸속에서 발생시켜 이식이 필요한 환자에게 이식할 수 있을 가능성이 제시된 것이었죠.

또한 폐암은 환자마다 특성이 정말 다양하다고 해요. 그래서 한 사람에게 효과적인 치료법이라해도 다른 사람한테는 아닐 수 있습니다. 환자에게 직접 치료를 시도해 보기 전에 그 환자에게는 어떤 항암제가 가장 효과적인지 미리 테스트해 볼 수 있는 방법도 연구되고 있어요. 2019년에는 환자 개인의 폐암 세포를 따로 배양해서 3차원 암 조직 구조를 형성하게 하는 폐 오가노이드 기술이 국내 연구진에 의해 발표되었어요. 최적화된 배양조건을 찾아내어 정상세포는 억제하고 폐암 세포만 자라나게 하는 방법을 찾아낸 연구입니다. 환자 고유의 유전적 변이 특성을 가진 폐암 조직을 재현해 낸다면 거기에 다양한 항암제를 시험해 본 다음에 그중에서 가장 효과적인 치료제를 선택해 환자에게 적용할 수 있겠죠. 이 기술이 상용화된다면 환자맞춤형 치료가 가능해지고, 신약개발에 드는 비용과 시간도 단축할 수 있습니다. 더불어 동물실험도 줄일 수 있어 실험동물의 희생도 줄일 수 있을 거예요.

면역 #기억을 무너뜨리는 바이러스,
홍역

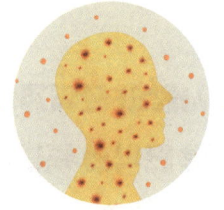

홍역 바이러스에 한 번 감염되면 재감염되지 않는다고 알려졌지만,
기존 면역 기억을 훼손해 다른 질병에는
더 쉽게 노출된다는 연구 결과가 발표되었습니다.
그만큼 백신 접종의 중요성이 다시 한번 부각되고 있습니다.

날씨가 추워지면 감기 환자가 늘어나고, 인플루엔자influenza 유행 주의보도 발령됩니다. 독감으로 더 잘 알려져 있는 인플루엔자는 인플루엔자 바이러스에 감염되어 생기는 급성 호흡기 질환이에요. 이렇게 우리 몸에 병을 일으키는 원인이 되는 바이러스나 세균 등을 병원체라고 부릅니다. 우리 몸에는 면역계가 작동하고 있어서 병원체가 침입하면 이를 방어할 수 있지요. 그런데 최근 면역계를 공격하는 바이러스에 대한 연구 결과가 발표되었어요. 우리를 지켜주는 면역계를 공격한다니 어떻게 그럴 수 있을까요?

사람의 면역계:
비특이적 면역과 특이적 면역

*

면역계는 우리 몸의 방어시스템으로 알려져 있어요. 외부 물질들로부터 우리 몸을 보호하는 역할을 하지요. 면역의 방식에 따라 비특이적 면역과 특이적 면역으로 나눌 수 있어요. 비특이적 면역은 즉각적이고 병원체를 구분하지 않는 반응이에요. 어떤 외부 물질에 노출된 것인지 구분하지 않고, 무조건적으로 반응이 일어나지요. 몸의 가장 바깥쪽에서 외부 물질을 방어하는 피부나 점막, 외부로 배출되는 분비물에 의한 방어작용이 비특이적 면역에 해당하고, 병원체가 체내에 침입했을 때 백혈구가 병원체를 잡아먹는 식균작용이나 피부에 나타나는 염증반응 역시 병원체를 구분하지 않고 일어나는 비특이적인 면역에 해당하지요. 특히 피부는 마치 성벽처럼 물리적 장벽의 역할을 하고, 점막은 세균이나 먼지를 끈끈하게 붙잡아 두었다가 코딱지처럼 바깥으로 배출될 수 있도록 해서 1차 방어선을 형성해요. 이를 뚫고 체내로 침입을 시도한 녀석들에게는 백혈구의 응징이 기다리고 있습니다. 백혈구는 외부에서 들어온 병원체를 인식하고 먹어서 분해해 버리는 식균작용 또는 식세포작용을 할 수 있거든요.

이와 달리 특이적 면역은 병원체의 종류를 구분하여 다르게 반응이 일어나는 방어 작용이에요. 면역계가 병원체를 구분하는 중요한 기준은 이 병원체가 체내에 침입했던 적이 있는지의 여부입니다. 만약 이전에 침입했던 적이 있는 병원체가 또 감염된 거라면 처음 만났을 때보다 훨씬 더 빠르게 공격할 수 있어요. 그래서 이러한 특이적 면역을 후천성 면역 또는 획득면역이라고 부르기도 합니다.

2차 면역 반응과 기억세포

✽

그렇다면 우리 몸은 한 번 들어왔던 병원체를 어떻게 알고 구분할 수 있는 것일까요? 우리 면역계 대표 선수는 백혈구인데, 백혈구는 한 종류가 아니라 여러 종류로 나눌 수 있어요. 그 중에서도 특이적 면역과 관련된 것은 T림프구(T세포)와 B림프구(B세포)입니다. 이 두 백혈구는 침입한 외부 물질(항원)을 인지하는 수용체 부위를 가지고 있는 것이 특징이에요. 병원체가 침입하면, T림프구 중에서도 보조T세포가 항원을 인식하여 세포독성 T세포에게 공격 신호를 보냅니다. 그럼 세포독성 T세포는 침입자들을 찾아내서 몸에 구멍을 뚫고 분해효소를 들여보내서 제거해 버려요. 조절 T세포는 내 세포들은 공격하지 못하도록 조절하는 역할을 하고요.

  T세포가 열심히 싸우는 동안 B세포는 조금 다른 역할을 수행합니다. B세포도 항원을 인식할 수 있는 수용체를 가지고 있어서 침입자가 감지되면 T세포와 상호작용하여 형질세포로 변신하고, 마구 증식합니다. 급격하게 수가 늘어난 형질세포는 항원에 대항할 수 있는 항체라는 무기를 만들어서 체액 속에 다량으로 뿌려요. 뿌려진 항체는 침입자인 병원체에 달라붙어서 우리의 세포에 침투하지 못하게 막아서 죽게 하거나 식균작용하는 백혈구가 더 잘 알아보고 먹어버릴 수 있게 돕거나 다른 분자를 활성화시켜 침입자에게 구멍을 뚫어서 터져 죽게 만들어요. 이뿐만이 아니예요. 우리의 B세포는 형질세포로만 변신하는 것이 아니라 일부는 기억세포로 분화합니다. 기억세포는 글자 그대로 침입자를 기억하는 세포예요. 이 기억 덕분에 나중에 동일한 병원체가 다시 쳐들어왔을 때(2차 침입) 더욱 빨리 항체를 생산해서 신속하고 효과적으로 대처할 수 있어요. 이런 원리를 이용해서 질병에 대비해서 예방접종을 한답니다.

홍역 바이러스가 일으키는
면역계 기억상실

*

홍역은 홍역바이러스에 의해 감염되고, 전염성이 매우 강한 질병이에요. 감염 초기에는 고열과 함께 기침과 콧물이나 결막염과 같은 점막 위주의 증상이 나타나고, 시간이 흘러 발진기가 되면 목과 귀를 시작으로 온몸에 붉은 발진이 퍼져나가게 됩니다. 소아의 경우 심각하면 사망에 이를 수도 있다고 해요. 예방을 위해서는 생후 12~15개월과 4~6세에 백신을 접종해야 하지요. 하지만 예방주사를 못 맞은 채 걸리더라도 한 번 걸린 후에 회복되고 나면 평생 다시 걸리지 않는 것으로도 알려져 있었어요.

그런데 2019년 10월 미국과 영국·네덜란드 공동연구팀이 홍역 바이러스가 우리 몸에 미치는 또 다른 영향을 《사이언스》에 발표했어요. 홍역 바이러스가 우리 몸에 침투하면 기존에 알려진 홍역 증상을 일으키는 것 이외에 체내에 형성되어 있던 다른 항체들을 파괴한다는 것이었지요. 또한 면역 체계의 효율이 떨어져 이후 다른 병원체에 대해 항체를 만드는 능력이 저하

된다는 것도 밝혀냈답니다. 즉 홍역에 걸렸다 회복이 되면 홍역은 걸리지 않겠지만, 오히려 다른 질병에 대한 기억을 잃어버리고, 면역계의 활동이 저하된다는 것이지요.

하버드대학교 연구팀은 홍역 집단발병이 일어났던 지역의 어린이 110명의 혈액 속 항체를 분석했어요. 그중 77명은 홍역 백신을 맞지 않았고, 33명은 어렸을 때 백신을 맞았던 어린이들이었지요. 분석결과 백신을 맞지 않은 어린이들은 홍역 발병 전과 후에 항체가 11~73%까지 제거되었고, 백신 접종을 했던 어린이들은 기존의 항체가 전혀 제거되지 않은 것을 확인할 수 있었답니다. 또한 레서스원숭이 *Macaca mulatta*를 감염시킨 뒤 5개월 동안 다른 병원체에 대한 항체를 모니터링 한 결과 역시 40~60%에 달하는 항체를 잃은 것을 확인할 수 있었어요. 이를 통해 홍역 바이러스가 기존에 획득했던 면역기억을 손상시키는 면역 기억상실을 일으킨다는 것을 알게 되었지요.

《사이언스 이뮤놀로지 Science Immunology》에 실린 연구에서는 영국과 네덜란드의 공동연구팀이 홍역 바이러스가 B세포를 감염시킨다는 기존의 연구 결과에 착안하여 네덜란드 어린이들의 혈액 속 B세포를 분석했어요. 그 결과 홍역 바이러스가 다른 병원체에 특이적인 B세포들을 파괴하고, 홍역 특이적 기억세포들로 대체해 버리는 것을 알아냈답니다. 더 나아가서 아직 항원을 만난 적이 없는 B세포를 미성숙한 상태로 머무르게 만들어 버린다는 것도 알게 되었어요. 즉 홍역에 걸리면 기억세포의 다양성이 감소하고, 다른 질병에 대한 방어시스템이 무력화된다는 것으로 미국 연구팀의 결과와 일맥상통하지요.

면역계를 지키는 백신 접종

*

 그렇다면 이런 면역계 기억상실을 막기 위해서는 어떻게 해야 할까요? 사실 방법은 의외로 간단합니다. 홍역에 대한 예방주사를 맞아서 홍역 바이러스가 우리 몸에서 활동하지 못하도록 하는 거지요. 사실 홍역은 백신 개발 전 세계적으로 매해 1억 3,000만 명이 감염되었던 것으로 추산되었지만, 백신 보급 이후 3,000만 명 정도로 감소했어요. 하지만 일부 국가에서 백신접종률이 낮아지면서 다시 많은 국가에서 발생이 보고되고 있다고 해요. 심지어 세계보건기구WHO의 발표에 따르면 2019년 상반기에 전 세계에서 발생한 홍역 감염은 2006년 이후 최고치를 기록했다고 하니 놀라운 일이죠. 백신의 접종으로 홍역에 감염되지 않는 것은 물론 나의 우리의 면역계도 지킬 수 있답니다.

#세균을 막아내는 푸른 피,
투구게

게가 아닌데도 '게'라 불리는 투구게는
고유한 푸른 피로 세균 내독소를 응고시키는 독특한 면역 기작을 지녀
의약품 안전 검사에 활용되고 있습니다.
그러나 무분별한 채혈로 개체 수가 줄어들면서,
투구게를 지속적으로 보호하고 대체 기술을 개발해야 한다는
목소리가 커지고 있어요.

개구리의 피부를 관찰하는 것, 카메라 청소용 붓으로 아기 쥐를 마사지하는 것, 고양이에게 불빛이 나타나는 화면을 보여주는 것의 공통점은 무엇일까요? 언뜻 시시해 보일 수도 있는 이것들은 모두 미국 정부로부터 지원금과 상까지 받은 연구들이라는 공통점이 있어요. 바로 황금거위상 Golden Goose Award입니다. 인류에게 공헌한 연구를 기리는 상이라고 하면 보통 노벨상을 떠올리기 쉬운데, 황금거위상은 무엇일까요?

'황금거위상'이 뭘까?

＊

황금거위상은 2012년 당시 미 하원의원이었던 짐 쿠퍼가 제안하여 미국과학진흥회AAAS와 미 의회가 연구 당시에는 괄목할 만한 성과나 이득을 내지는 못하지만 시간이 흘러 결국에는 인류와 사회에 크게 기여한 연구를 대상으로 수여해 온 상이에요. 당시 의회에서 일부 연구과제들에 대한 지원비를 삭감하기로 하자 이에 대해 반발하며 시작은 엉뚱하거나 때로는 예산 낭비처럼 보일 수 있는 기초과학 연구들도 나중에는 생명을 살리거나 인류의 진보에 큰 영향을 주는 성과로 이어질 수 있다고 주장하며 시작되었지요.

상의 이름은 1970년대와 1980년대에 세금을 낭비하는 쓸모없는 연구를 매달 선정하여 수여했던 '황금양털상Golden Fleece Award'에 대응하여 지어졌답니다. 명사로 양털을 뜻하는 'fleece'는 동사로 '빼앗다'라는 의미가 있고, 반면에 거위를 뜻하는 명사인 'goose'는 동사로 '고무하다'라는 의미가 있다고 해요. 현재는 일명 아빠거위Father Goose인 짐 쿠퍼 의원과 6명의 의원들이 거위무리Gaggle를 이루고 황금거위상을 지원하고 있어요.

투구게의 혈액순환 연구

*

   2019년 발표된 황금거위상 수상작 중에는 투구게의 혈액순환 연구가 있어요. 투구게는 고생대에 등장해서 중생대에 번성한 이후 공룡보다 오래 살아남아 현재까지 바다에 살고 있기 때문에 살아 있는 화석이라고도 불려요. 생김새가 마치 투구와 같이 생겼다고 해서 투구게라 하고, 말의 발굽모양같이 생겼다고 해서 영어이름은 Horseshoe crab이지만 게와는 다른 종류예요.

   1950년대 존스홉킨스대학의 프레데릭 뱅Frederik Bang 박사는 사람과 달리 파란 혈액을 가지고 있는 투구게의 혈액순환에 대해 연구하고 있었어요. 피 색깔은 보통 혈액 속에서 산소를 운반하는 단백질에 따라 달라지는데 사람은 헤모글로빈을 가지고, 투구게는 헤모시아닌을 가지고 있어요. 헤모글로빈에는 철 원자가 있어 산소를 만나면 붉은색을 나타내지만 헤모시아닌에는 구리 원자가 있어 푸른색을 띠게 되지요. 또한 사람에게는 백혈구가 있어서 우리 몸 안에 병원균이 들어오면 식균작용을 통해 제거하지만, 투구게는 백혈구가 없습니다.

   뱅 박사는 투구게의 혈액에 세균이 침투하면 겔 상태로 응고가 일어나는 특이한 현상을 발견하고, 어떤 세균이 혈액을 응고시키는지도 알아냈어요. 그 후 UC샌프란시스코의 잭 레빈Jack Levin 교수와 함께 투구게의 혈액 응고는 혈액 속에 들어온 세균이 증식하거나 터질 때 방출하는 내독소 성분에 의해 일어난 다는 것을 밝혀냈지요. 투구게의 혈액에 세균의 내독소가 감지 되면 혈액의 액체성분인 혈장 속에 들어 있는 변형세포가 터지 게 되는데, 변형세포 속에는 혈액 응고를 일으키는 단백질이 들 어 있거든요. 여러 후속연구를 통해 응고단백질이 변형세포 안 에 큰 과립과 작은 과립 안에 싸여져 있다는 것도 밝혀졌답니 다. 내독소가 감지되면, 큰 과립과 작은 과립이 차례로 터지면서 응고 단백질을 방출하는 것이죠. 해로운 물질이 들어오면 일단 더 퍼지지 못하게 주변의 혈액을 응고시키고 그 부분을 제거 하는 방식으로 투구게의 면 역작용이 일어나는 것입 니다.

토끼와 사람을 구한 투구게

*

세균의 내독소는 투구게뿐만 아니라 사람을 비롯한 다른 생 물들에게도 해로운 영향을 줄 수 있기 때문에 의약품을 개발한 다음 사람에게 적용하기 전에는 내독소로 오염되었는지 여부를 검사해야 하는데 이때 널리 이용되는 것이 바로 토끼였어요. 토끼와 사람의 면역계는 유사하기 때문에 의약품을 토끼에게 주사한 후 며칠 동안 상태를 검사하는 방법이 이용되었지요. 그런데 이 검사는 시간도 오래 걸렸고, 많은 수의 토끼와 공간이 필요했어요. 그리고 척추동물인 토끼에 대한 동물윤리 문제가 따를 수밖에 없었습니다.

그러던 중 투구게의 혈액 특성을 이용한 내독소 검사방법이 등장했어요. 내독소를 만나면 응고되는 투구게 혈액의 특성에 착안하여 투구게의 혈액을 뽑은 후에 혈액에서 추출한 변형세포를 시약으로 만들어 이것을 검사에 사용하도록 한 것이지요. 심지어 토끼를 이용한 검사는 내독소의 유무만 알 수 있었는데, 투구게 시약을 이용한 검사로는 내독소의 독성 정도까지 수치화할 수 있었어요. 이 모든 것이 투구게 혈액의 특성과 그 원리에 대한 뱅과 레빈의 기초 연구가 있었기 때문에 가능한 아이디어였지요. 'LAL Limulus Amebocyte Lysate(투구게 변형세포 용해물) 검사'라고도 불리는 이 방법의 개발 덕분에 훨씬 빠르고 정밀한 내독소 검사 방법을 개발할 수 있었고, 많은 토끼들도 살릴 수 있었답니다.

투구게를 위한 숙제

*

　LAL 검사를 위해서는 반드시 투구게의 변형세포가 필요해요. 그래서 알을 낳기 위해 해안가로 다가오는 투구게를 산 채로 포획하여 심장 근처에 구멍을 뚫은 후 약 30%의 혈액을 채취한 뒤 바다로 돌려보내요. 그 과정에서 스트레스로 인해 10~15%의 투구게가 죽는 것으로 알려져 있고, 돌아간 투구게들 중에는 사망하거나 불임이 되는 개체들도 있다고 합니다.

　LAL에 이용하기 전부터 인류는 식량이나 비료 등의 용도로 투구게를 이용해 왔는데 점점 더 많이 이용하기 시작하면서 무려 중생대부터 살아온 투구게들이 사람에 의해 멸종위기종이 되었어요.

　위기에 처한 것은 투구게만이 아니에요. 투구게의 알을 먹고 사는 것으로 알려져 있는 붉은가슴도요 등도 투구게의 감소와 더불어 줄어들고 있습니다. 이런 문제를 해결하기 위해 인간의 혈액 성분이나 바이오센서를 이용하여 독성검사를 하는 방법 등의 대체 방법 연구도 진행되고 있어요.

기후변화로 삶이 바뀐 #질병매개체,
모기

모기는 치명적인 감염병을 옮겨
전 세계인의 안전을 위협하는 대표적 질병매개체입니다.
불임 기술이나 생분해성 미생물 등
다양한 방제법이 꾸준히 연구되고 있지만,
끈질긴 생존 전략 탓에 인류와의 전쟁은 아직 끝나지 않았습니다.

여름에는 뜨거운 날들이 연일 계속되곤 해요. 휴대폰으로 폭염주의보나 폭염경보 안내 문자가 오는 날도 잦지요. 폭염은 불볕더위라고 부를 정도로 매우 심한 더위를 의미합니다. 폭염주의보는 일 최고기온이 33도 이상인 상태가 이틀 넘게 이어질 것으로 예상될 때, 그리고 폭염경보는 일 최고기온이 35도 이상인 상태가 이틀 넘게 지속될 것으로 예상될 때 발효된다고 해요. 서울시 기준으로 2019년 폭염경보는 13회, 폭염주의보는 16회나 발령됐었다고 하니 얼마나 더웠는지 짐작이 되지요. 그런데 뭔가 허전하지 않았나요? 여름밤이면 항상 우리 귓가에서 들리던 왱 소리의 주인공, 바로 모기가 예전보다 잘 보이지 않았어요. 어떻게 된 일일까요?

모기의 생활사

*

모기는 사람을 비롯한 포유류와 조류, 파충류, 심지어 양서류의 피를 빨아 먹기도 하고, 말라리아, 일본뇌염, 뎅기열, 지카바이러스 등 여러 가지 치명적인 질병을 옮깁니다.

모기는 알과 유충, 번데기를 거쳐서 성체가 되는 완전변태 곤충이에요. 모기는 한 번에 100~150개 정도의 알을 낳고, 알은 물에 잠겨 있는 상태에서 보통 2~3일이면 부화하여 장구벌레라고도 부르는 유충이 되지요. 처음에는 크기가 작은 1령이지만, 물속의 유기물을 먹으며 2령과 3령, 4령으로 점점 크고 통통하게 자라요. 이렇게 유충 상태로 약 10일을 보내면 번데기가 되고, 번데기로 2~3일 정도 지나면 등쪽이 T 모양으로 갈라지면서 성체가 나오는 우화가 일어난답니다. 그럼 이제 물 밖에서 생활하는 모기가 되지요.

모기가 살아가는 환경 조건

*

   시간이 흐르면 당연히 알에서 모기가 되는 것 같지만 사실은 이 과정에 환경이 큰 영향을 준다고 해요. 그중에서도 대표적인 것이 바로 온도와 습도, 강수량이에요. 검은색 몸에 하얀 줄무늬가 있고, 풀숲이나 공원, 야산 등지에서 주로 발견되는 흰줄숲모기는 알 상태로 물속에서 수일에서 수개월을 견딜 수 있는데, 부화에 적절한 환경이 되면 유충으로 깨어나요. 17도부터 28도 이르기까지 각 온도에서 유충의 생존률과 생장 정도를 비교한 연구 결과에 따르면 흰줄숲모기 유충은 17도에서 가장 오랫동안 생존하였고, 21도에서 가장 잘 생장한다고 해요. 번데기가 성체가 되는 우화율은 21도에서 가장 높게 나타나고, 28도에서 가장 낮게 나타났어요. 생장단계의 최적온도는 결국 모기 성체의 생존률과 활동시간에 영향을 주게 됩니다. 자손들이 꾸준히 성장하고 번식활동을 해야 모기들이 끊이지 않고 살아남아 우리의 눈과 귀에 띄게 되겠죠.

   지카바이러스의 매개충으로 알려진 흰줄숲모기는 보통 5월 말부터 서서히 활동을 시작해서 10월 초까지도 발견되는데, 활동 시간은 주로 아침 무렵과 오후 4시 이후부터 해가 질 때까지로 알려져 있어요. 상대적으로 온도가 높은 낮 동안에는 어둡고 습한 곳에서 휴식을 취한다고 해요. 온도가 너무 높으면 같은 활동을 하더라도 소모되는 에너지가 많아서 오히려 휴식을 취하는 것이 생존에 유리하거든요. 폭염으로 지나치게 뜨거운 날이 지속되면 모기 체내의 물질대사가 지나치게 활발해지면서 성장과 노화가 촉진되어 수명이 짧아집니다. 그래서 아무리 여름의 대표 곤충인 모기라도 잘 보이지 않았던 거지요.

주된 활동 시간이 저녁이나 야간인 모기들 역시 뜨거운 낮 동안에는 어둡고 습한 곳을 찾아 휴식을 취했다가 기온이 낮아지면 활동을 시작한답니다. 마치 낮잠을 자고 일어나 활동하는 것처럼 말이지요. 그럼 기온이 너무 낮은 겨울에는 어떻게 지낼까요? 많은 모기 종들이 성충의 상태로 동면에 들었다가 늦은 봄 무렵 다시 활동을 시작해요.

그런데 1981년부터 2011년까지 전국의 작은빨간집모기의 활동과 분포를 분석한 연구에 따르면 모기가 활동을 시작하는 시기가 해마다 빨라져 왔어요. 1월 첫째 주를 1주라고 할 때, 1981년에는 21.9주째에 처음 출현했지만, 2006년 이후부터는 17주 전후로 앞당겨 나타나고 있어요. 기온이 올라가는 시기가 점점 앞당겨지고 있어서 동면에서 점점 더 빨리 깨어나고 있는 거지요. 과학자들은 이러한 현상의 원인이 지구온난화에 의한 기온 상승이라고 생각하고 있습니다. 이런 추세라면 2031년에는 작은빨간집모기의 첫 출현 시기가 약 15주 정도로 당겨질 전망이래요.

　활동 시기가 앞당겨지면 모기가 더 오래 활동할 수 있으니까 모기에게는 더 좋은 걸까요? 온도가 높아지면 모기의 수가 어떻게 변하는지 살펴본 2015년의 연구와 질병관리본부의 자료에 따르면 기온이 32도가 될 때까지는 모기 개체수가 점점 증가했지만, 32도가 넘으면 오히려 수가 감소했어요. 고온으로 인해 모기의 활동이 어려워진 것은 물론 알과 유충이 서식해야 하는 물웅덩이도 말라버리는 등 서식환경이 악화하여 성충으로 발생하는 개체수가 감소하기 때문이었지요. 기온 상승으로 겨울잠을 빨리 깬 대신 한여름 온도가 갈수록 너무 높아져서 폭염에는 오히려 활동을 쉬어야 하는 여름잠 기간이 늘어난 셈이지요. 하지만 기온이 다시 점점 낮아져서 가을이 되면 모기가 활동할 수 있는 환경조건이 만들어지게 된답니다. 실제로 최근 3년간의 채집 연구 결과 9월은 물론 10월에도 흰줄숲모기와 빨간집모기의 개체수가 늘어났으며, 특히 활동 공간이 인간의 주거지인 모기 종들은 바깥 기온이 많이 낮아진 11월에도 발견되었다고 해요.

모기를 없애기 위한 연구

＊

　세계보건기구의 2015년 발표에 따르면 매년 7억 명 이상의 사람들이 모기로 인한 질병에 걸리고 있어요. 특히 말라리아와 일본뇌염, 뎅기열 등 치명적인 질병을 매개하기 때문에 전 세계적으로 모기를 없애는 방법을 찾기 위해 연구하고 있습니다. 2018년에는 영국에서 유전자가위 기술로 불임이 유도된 암컷 모기를 이용해서 모기 수를 줄이는 연구가 발표되었습니다. 2019년에는 수컷 모기에 방사선을 쪼여 생식능력을 낮추고, 모기의 생식능력을 감소시키는 세균(볼바키아)을 감염시키는 방식으로 불임 수술시킨 모기들을 자연으로 돌려보냈더니 2년 동안 모기 수가 매년 약 83~94% 줄어들었다는 중국과 미국, 호주 등의 공동 연구가 《네이처》에 발표되기도 했어요.

　생물은 생존을 위해 환경에 적응하고, 생존전략을 수정하기도 해요. 모기가 활동 시기를 조절하고 여름잠을 자기 시작한 것처럼요. 그러니까 여름이 지나갔다고 방심하지 마세요. 가을과 겨울의 어느 날 모기가 또 찾아올지도 모르니까요.

3

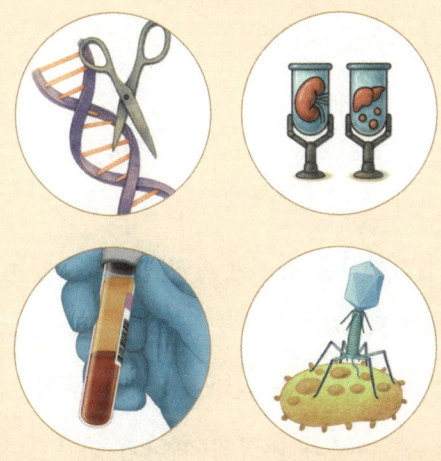

의학의 미래 —
다시 쓰는 생명

DNA 구조를 넘어 #편집의 시대로,
유전자가위

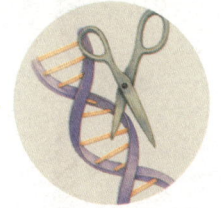

유전자가위를 이용해 DNA를 편집하는 기술은
유전병이나 암 같은 다양한 질병 치료에 새로운 가능성을 열어줍니다.
하지만 생명 윤리의 중요성이 대두되면서
책임감있는 연구 수행이 강조됩니다.

2020년 노벨화학상은 유전체를 편집할 수 있는 크리스퍼 CRISPR, Clustered Regularly Interspaced Short Palindromic Repeats 유전자가위 기술을 개발한 프랑스의 에마뉘엘 샤르팡티에 Emmanuelle Charpentier와 미국의 제니퍼 다우드나 Jennifer A. Doudna라는 두 여성 과학자가 공동 수상했습니다. 크리스퍼 유전자가위는 이전부터 노벨상 수상이 예견되었을 정도로 현대 생명과학에 큰 영향을 주고 있었어요. 그런데 왜 노벨화학상의 주인공이 된 것일까요?

생명의 화학 분자: DNA와 유전자

＊

　유전자가위란 무엇이고, 왜 노벨화학상을 받았는지 알기 위해 먼저 유전자에 관해 이야기해 볼까요? 모든 생물은 세포 안에 자신의 고유한 유전정보를 가지고 있는데, 이 유전정보 전체를 그 생물의 유전체라고 부릅니다. 1833년 세포의 핵이 발견되고, 1839년 마티아스 슐라이덴Matthias Schleiden과 테오도르 슈반Theodor Schwann에 의해 모든 생명체는 하나 이상의 세포로 구성되어 있고, 세포는 생물을 이루는 기본 단위이며, 세포는 세포로부터 나온다는 '세포설'이 확립됩니다. 현미경이 발달하고 보다 미세한 세상을 관찰할 수 있는 문이 열리면서 생명체의 내부가 어떻게 이루어져 있고, 다른 물질들과는 분명히 다른 생명체만의 고유한 특성은 어디에서 비롯하는가에 관한 물음과 탐구가 끊임없이 이루어졌어요. 이후 많은 연구자에 의해 생명체를 이루는 유전물질의 정체가 점차 밝혀지게 되고, 마침내 1953년 제임스 왓슨James Watson과 프랜시스 크릭Francis Crick이 DNA의 3차원 구조를 밝혀냄으로써 인류는 38억 년을 이어온 생물 연속성의 실마리를 찾게 됩니다. 생물을 이루는 기본 단위인 세포,

그리고 세포 내부의 핵, 핵 내부의 DNA로 연구자들의 연구 대상도 점점 확대되었지요.

DNA는 당, 인산, 염기 세 부분이 연결된 뉴클레오타이드를 기본 단위로 하여 수많은 뉴클레오타이드가 반복적으로 연결된 중합체예요. DNA를 이루는 당은 5개의 탄소를 가지고 있어 5탄당이라 부르고, 인산은 인P 원자에 4개의 산소 원자가 결합된 형태로 5탄당의 5번 탄소에 붙어 있어요. DNA의 염기는 기본 구조에 따라 아데닌Adenine, A과 구아닌Guanine, G, 사이토신Cytosine, C과 타이민Thymine, T이라는 네 종류가 있지요. 염기는 5탄당의 1번 탄소와 결합하기 때문에 뉴클레오타이드는 5탄당을 중심으로 인산과 염기가 반대편에 결합해 있는 형태예요. 4개의 염기 중 어떤 것이 결합해 있느냐에 따라 뉴클레오타이드의 이름이 달라지지요. 뉴클레오타이드는 인산디에스테르결합Phosphodiester bond을 통해 서로 실처럼 연결되어 폴리뉴클레오티드 가닥을 이루고, 두 가닥의 염기 부위가 서로 마주 보며 수소결합을 이루면 DNA 이중나선 구조가 완성됩니다. 염기끼리 결합할 때 A는 항상 T와, C는 G와 결합하는 규칙이 밝혀졌기 때문에 한 가닥의 염기만 알면 나머지 가

닥의 염기를 결정할 수 있어요. 이런 특성을 상보성이라고 합니다. 당과 인산의 구조는 같으므로 어떤 염기가 달린 뉴클레오타이드들이 어떤 순서로 결합했느냐에 따라 DNA에 담겨 있는 유전정보가 달라집니다. 즉 염기가 배열된 순서인 염기서열에 따라 전달하는 유전정보에 차이가 생기는 것이지요. 유전자 발현으로 드러나는 모든 특성을 형질이라고 하는데, DNA 서열 중에서도 유전형질의 단위가 되는 특정 구간들을 유전자라고 부릅니다.

생명 정보의 본질인 DNA가 이렇게 여러 화학적 결합으로 연결되어 만들어진 고분자 화학물질이라는 것이 밝혀지고, 많은 연구자가 생물체 내 다양한 물질들의 화학적 구조와 물질 간 상호작용 등을 연구하게 됩니다. 물질의 구조를 알면 화학적인 특성을 알 수 있고, 결국 생체 내에서 그 분자가 어떤 역할을 하는지를 밝힐 수 있는 기초가 되기 때문입니다. 따라서 DNA를 비롯한 생체분자의 연구는 생물학에 국한된 것이 아니라 화학 분야와도 밀접한 관련이 있습니다. 2020년뿐만 아니라 과거 노벨화학상 수상 내역을 보아도 단백질, DNA, 박테리아, 리보솜, 유전자, 세포막, 광합성, RNA 등 생물학 분야에 등장하는 개념들을 대상으로 한 연구를 쉽게 발견할 수 있습니다.

DNA를 자르는 제한효소

*

　이제 우리는 유전자가 화학분자들의 결합으로 이루어진 DNA의 일부라는 것을 알았습니다. 그럼 유전자가위는 무엇일까요? 일반적으로 가위는 무언가를 자르는 역할을 하듯이 유전자가위는 유전자를 자르는 역할을 해서 붙여진 이름입니다. 물론 실제 가위처럼 생기지는 않았지요. 유전자를 자른다는 것은 유전자를 구성하는 분자 간 결합을 끊는다는 의미입니다. 그리고 이러한 가위의 역할을 하는 것은 세균이 가지고 있는 제한효소라는 것이 1962년 베르너 아르버Werner Arber의 연구를 통해 알려지게 됩니다. 세균은 체내에 바이러스나 외부 DNA가 침입하면 자신을 방어하기 위해 제한효소를 만들어 외부 DNA를 절단하는데, 이때 제한효소는 DNA의 특정 염기서열을 인식하여 그 부분이나 주변을 절단하는 역할을 합니다. 제한효소의 발견으로 우리는 자르고 싶은 유전자 서열을 확인하고, 그 서열을 자르는 제한효소를 처리하여 수많은 분자생물학 실험에 이용해 보고 있습니다. 베르너는 이 공로로 노벨생리의학상을 수상했지요. 1970년대부터 지금까지 다양한 세균들에게서 약 200여 종류의 서로 다른 부위를 인식하여 절단하는 제한효소가 발견되었다고 해요.

자르고 붙이는 새로운 가위:
크리스퍼

*

　세균의 제한효소를 이용한 유전자 절단은 좁은 범위의 서열 내에서 유용하게 사용할 수 있었지만, 연구대상이 유전체 범위로 확장되면 사용이 어려웠습니다. 짧은 서열을 인식하여 간편하게 자르다 보니, 염기서열이 방대한 유전체 내에서는 제한효소의 인식서열과 우연히 일치하여 원치 않는데도 절단되어 버리는 경우들이 나타났기 때문이지요. 그래서 연구자들은 유전체 내에서도 원하는 부위만 골라 자를 수 있는 새로운 가위를 찾기 위해 노력하게 됩니다. 그리고 여러 단계의 성과를 거쳐 오류 가능성을 4조 4,000만분의 1까지 낮춘, 정확하고 빠르고 저렴한 크리스퍼 기술이 등장하게 되지요. 크리스퍼 시스템 역시 세균의 방어체계를 기반으로 합니다. 외부 DNA가 체내에 침입하면 세균은 침입한 DNA의 일부를 잘라서 그 조각의 일부를 자신의 염색체 안에 삽입시켜 놓습니다. 후에 같은 DNA가 또다시 침입할 때를 대비해 그 서열을 기억해 두는 것이지요. 마치 우리가 예방주사를 맞는 것처럼, 세균은 그 기억을 이용해 재침입한 DNA를 빠르게 파괴할 수 있다고 해요. 이때 외부 DNA 조각을 삽입하는 자리가 바로 크리스퍼입니다. '무리를 지어 일정한 간격을 두고 존재하는 짧은 역반복서열'의 의미를 지닌 DNA 서열이지요. 크리스퍼 서열은 크리스퍼 RNA를 만들어 내는데, 이것은 삽입된 외부 DNA 서열 정보를 담고 있으므로, 크리스퍼 RNA에 상보적인 서열을 지닌 DNA 서열을 만나면 외부 DNA라는 것을 인식할 수 있습니다. 크리스퍼 RNA가 서열을 인식하면, 함께 붙어 있던 캐스Cas 단백질이 그 부위의 화학결합을 절단합니다. 이를 응용하여 자르고 싶은 유전자 부위에 크리스퍼-캐스 복합체를 넣어 원하는 DNA 서열을 인식하여 절단하는 것이 가능하게 된 것입니다. 또한 크리스퍼-캐스 복합체를 넣을 때 추가하고 싶은 DNA 서열을 함께 넣으면 원하는 곳에 유전자를 추가할 수도 있다는 것이 밝혀집니다. 자르는 것뿐만이 아니라 붙여 넣기도 가능한, 말 그대로 유전자편집 기술의 시대가 열린 것입니다.

   생명정보가 담긴 유전자를 편집하는 기술의 활용도와 파급력은 단순히 세포 수준이 아니라 인간을 비롯한 지구상의 다양한 생명체에 적용될 수 있을 정도로 엄청납니다. 지난 2018년에는 중국의 허젠쿠이賀建奎 교수가 유전자편집 기술을 인간 배아에 적용하여 큰 논란이 있었지요. 각국에서는 인간 배아를 활용한 유전자 조작기술을 법으로 엄격하게 제한하고 있습니다.

#인공장기의 미래, 오가노이드와 어셈블로이드

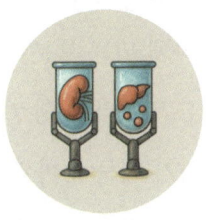

각막을 비롯한 장기가 손상된 경우
건강한 장기로 교체할 수 있으면 좋겠다는 상상을 합니다.
기존에는 기증받은 장기를 이식하는 방법밖에 없었는데
인공장기를 만드는 새로운 기술이
빠르게 발전하고 있습니다.

한 해 동안 출원 또는 등록되는 특허는 수십만 건 이상에 달합니다. 그중에서 2021년 대한민국발명특허대전에서 최고상인 대통령상을 단독 수상한 특허품은 바로 '생체적합성이 우수한 인공각막'이었어요. 이 인공각막은 콘택트렌즈의 재료로 이용되는 합성고분자 물질로 만들어서 부작용이 없으면서도 실제 각막 없이도 이식 가능할 것으로 기대를 모으고 있다고 해요.

인공장기가 왜 필요할까?

　각막은 안구 앞쪽의 가장 바깥쪽 표면으로, 빛이 우리 눈으로 들어올 때 가장 먼저 만나게 되는 부분이에요. 우리 눈의 검은자위를 감싸고 있는 투명한 막이라고 생각하면 됩니다. 각막은 혈관이 없는 투명한 조직이기 때문에 바깥에서 온 빛을 눈으로 굴절시키고 전달할 수 있어요. 눈물샘에서 나오는 눈물 덕분에 우리의 각막 표면은 평소 촉촉하고 투명한 습윤 상태를 유지할 수 있어요. 눈물을 통해 대기 중의 산소를 공급받기도 하지요. 하지만 눈물 분비가 감소하거나 눈물이 지나치게 증발해 버리면 각막에 자극이 가해져 손상이 일어날 수 있는데 이것을 안구건조증이라고 합니다. 사실 각막은 우리 눈의 가장 바깥쪽이다 보니 눈을 뜨고 있을 때는 거의 항상 공기에 노출되어 있을 수밖에 없어요. 그래서 건조함뿐만 아니라 외부환경으로부터 오는 각종 자극이나 충격에 의해 손상되기 쉽고, 병원체나 오염물질 등에 의해 여러 가지 질환에 걸릴 수 있어요. 각막 조직은 각막상피, 보우만막bowman膜, 각막실질, 뒤경계판, 각막내피세포라고 이름 붙여진 5개의 층으로 이루어져 있는데, 이 중에서도 보우만막은 한 번 손상되면 재생되지 않고, 각막내피세포도 출생 이후에는 재생되지 않는다고 해요.

　각막의 손상이 심한 경우 시력이 손상되어 앞을 보지 못하게

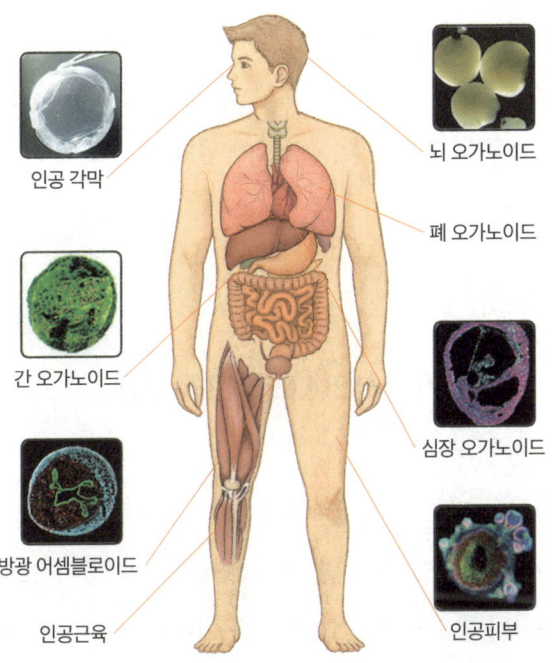

되기도 하는데, 이런 증상의 환자들이 전 세계적으로 1,200만 명 정도로 추산됩니다. 하지만 현재 이를 치료할 수 있는 방법은 다른 사람에게 각막을 기증받아 이식하는 방법뿐이라고 해요. 과거 해외에서 인공각막이 개발된 적이 있지만 부작용으로 인해 판매가 중단된 상태이거나 그 인공각막을 수술하는 데에도 기증된 각막이 필요했습니다. 하지만 각막은 기증자가 사망한 후에만 이식할 수 있기 때문에 이식 대기자와 기증자의 수에 불균형이 심각한 상황이에요. 2020년 2월 질병관리청 제출자료에 따르면 안구를 기증받기 위해 대기하고 있는 사람들의 대기 기간이 평균 8년 1개월(2,939일)로 장기이식 대기 기간 중 가장 길게 나타났다고 해요. 그러니까 실제 각막이 없어도 부작용 없이 안전하게 사용할 수 있는 인공각막이 있다면 문제 해결에 도움이 되겠지요.

장기이식의 대안, 인공장기

*

　이런 상황은 다른 인체조직이나 장기도 마찬가지라고 해요. 질병관리청에 따르면, 2017년 이후 4년간 장기기증과 조직기증 건수가 해마다 감소하고 있고, 이식을 기다리는 환자의 수는 해마다 증가하여 2021년 6월 기준 4만 1,262명에 달했다고 합니다. 그중 전체의 약 60%를 차지할 정도로 가장 높은 비중을 차지하는 것은 신장이었고, 다음으로는 간, 조혈모세포, 안구, 췌장, 심장 등의 순서로 나타났다고 해요.

　장기이식은 단순히 다른 장기를 이식하는 것만을 의미하지 않습니다. 우리의 몸은 기본적으로 외부에서 들어온 물질에 대해 방어작용을 하는데, 이를 면역이라고 하지요. 장기를 이식받은 사람의 면역계 입장에서는 이식된 장기가 외부 물질인 셈이기 때문에 자칫하면 면역 거부반응이 일어날 수 있습니다. 따라서 이식된 장기가 수여자의 체내에서 정상적으로 작동하기 위해서는 기증된 장기 중에서도 환자의 상태와 적합성이 높은 것을 찾아야 해요. 기증된 장기가 있더라도 자신의 상태와 맞지 않으면 이식받을 수 없으니 다시 다른 공여자를 기다려야 하지요.

이에 대한 대안으로 연구되고 있는 것이 환자 본인의 세포로 만드는 인공장기입니다. 자신의 세포를 이용해서 만든 조직이나 장기라면, 면역거부반응에 대해 걱정을 하지 않아도 되고, 기증자가 나타날 때까지 기다리지 않아도 된다는 장점이 있어요. 또한 줄기세포를 이용해서 장기를 체외에서 만들 수 있다면, 환자의 현재 상태에 어떤 치료나 약물투여를 했을 때 어떤 효과가 나타날지 미리 시험해 볼 수도 있겠지요. 여러 가지 방법을 시험해 본 후, 그중에서 가장 효과적인 방법을 실제 환자에게 적용한다면 치료의 성공 확률을 높일 수 있을 겁니다. 이런 아이디어에서 출발하여 연구되고 있는 것이 '오가노이드organoid'와 '어셈블로이드assembloid'입니다.

오가노이드

*

생물의 몸을 이루고 있는 기본 단위는 세포입니다. 일반적으로 세포의 지름은 약 0.1밀리미터라고 이야기할 정도로 매우 작은데, 2016년 발표에 따르면 사람의 몸에는 약 30조 개의 세포들이 있다고 해요. 하지만 우리 몸을 구성하는 세포 하나하나를 따로 꺼낸 다음 다시 모아놓는다고 해서 사람이 되지는 않습니다. 세포는 체내에서 독립적으로 기능하는 것이 아니라 체계적으로 조직되고 주변의 미세환경과 밀접하게 상호작용하기 때문이지요. 따라서 환자의 몸에서 유래한 줄기세포로 인체 조직이나 장기를 만들기 위해서는 세포가 특정 조직으로 발생할 때 필요한 물질과 신호를 정확한 시기에 처리하여 체외에서 배양 중인 줄기세포에서 적절한 상호작용이 일어날 수 있도록 해주는 것이 중요합니다. 이렇게 만들어진 생체 유사체 또는 단순한 형태의 미니 장기를 오가노이드라고 합니다.

2009년 네덜란드 후브레히트 연구소의 한스 클레버스Hans Clevers 박사가 생쥐의 직장에서 얻은 줄기세포로 장 오가노이드를 만들어 낸 것을 시작으로, 2013년 영국에서는 신경줄기세포를 이용한 사람 뇌 오가노이드가 만들어졌고, 이후 현재까지 심장, 간, 신장, 위, 췌장, 갑상선 등 11개 주요 장기를 비롯한 다양한 오가노이드가 만들어지고 있어요.

지난 2017년에 만들어진 뇌 오가노이드는 당시 심각한 문제였지만 동물에게는 감염되지 않아 동물실험이 불가능했던 지카바이러스의 작용 기작 연구에 큰 도움이 되었습니다. 2020년에는 우리나라의 한국과학기술원에서 제브라피시의 간 오가노이드 배양에 성공하여 화학물질의 유해성 평가에 동물을 희생하지 않아도 될 가능성이 열렸다고 해요. 또한 최근에는 암세포의 구조를 모방한 오가노이드를 만들어 항암제 연구에 이용하고 있습니다. 기존에는 다른 동물이나 낱개의 암세포를 이용하여 실험했었지만, 실제 암세포는 인체 내에서 특유의 입체구조를 가지고 있어 실험동물이나 개별 암세포만으로 실험하기에는 한계가 있었고, 환자 맞춤형으로 연구하기에는 어려웠다고 해요. 하지만 암 오가노이드를 만들어서 이 오가노이드에 다양한 항암 처치를 테스트해보면, 특정 환자에게 효과적인 항암치료법을 찾을 수 있어 실패를 줄일 수 있고, 새로 개발하는 다양한 신약들이 인체에 미치는 영향을 좀 더 실제에 가깝게 연구할 수 있어요.

어셈블로이드

*

우리의 몸을 구성하는 세포들은 형태나 기능에 따라 체계적으로 조직되어 있어요. 세포가 모여 조직을 이루고, 조직이 모여 기관을 구성하며, 기관은 다시 소화계, 신경계, 배설계, 순환계 등 다양한 기관계를 이루어 우리 몸의 생명 활동을 수행하고 있습니다. 그래서 연구자들은 연구 결과를 우리 몸에 잘 적용할 수 있도록 체내의 조직이나 장기 상태를 체외에서 최대한 실제에 가깝게 구현하기 위해 노력하고 있어요. 앞에서 살펴본 오가노이드는 실제 장기와 조직에 가까운 세포 구조물을 체외환경에서 3D 구조로 배양할 수 있다는 장점이 있지만 한계점도 있습니다. 실제 체내에서는 장기들 역시 단독으로 존재하는 것이 아니고, 단일한 종류의 세포들로만 이루어져 있지 않거든요.

이런 한계를 극복한 연구가 2020년 《네이처》에 발표되었습니다. 실제 동물의 장기는 서로 다른 조직 여러 개가 층을 이루고 있는데, 그중에서도 동물의 방광은 3개의 세포층(평활근층, 기질세포층, 내피세포층)으로 되어 있어요. 연구팀은 진짜 방광에 가깝게 만들기 위해 우선 방광 오가노이드를 약 1년 동안 배양하고, 여기에 섬유아세포와 내피세포를 혼합해서 다시 배양하여 기질세포층으로 덮이게 했어요. 그리고 평활근세포와 추가 배양하여 결과적으로 3개의 세포층으로 구성된 생쥐와 인간의 방광 유사체를 만들어 냈답니다. 서로 다른 특성을 가진 조직이 체외에서 조립 배양된 보다 복잡한 구조의 장기 유사체를 만드는 데 성공한 것이지요.

연구팀은 이러한 방식으로 만들어진 장기 유사체를 '조립'의 의미를 담아 어셈블로이드라고 이름 붙였어요. 어셈블로이드는 기존의 다른 결과물들 보다도 실제 방광에 유사한 구조를 가지고 있는 것이 특징인데, 만들어진 방광 어셈블로이드의 유전체를 분석해 보니 구조뿐만 아니라 구성 세포 역시 실제 방광세포와 거의 비슷하다는 것이 확인되었다고 해요. 줄기세포 기술이 발전하여 오가노이드 기술이 연구되고, 이를 토대로 어셈블로이드 방식이 새롭게 나왔듯이 연구가 계속되면 언젠가 현재는 치료가 어려운 질병들도 정복될 수 있겠지요.

#만능 혈액을 만드는 비밀,
혈액형과 수혈

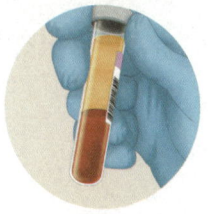

A형 적혈구를 O형처럼 바꿀 수 있다는 연구가 발표되면서,
수혈용 혈액 부족 문제의 해결 희망이 부상했습니다.
다만 효소의 안정성이나 대량생산 가능성 같은 여러 과제가 남아,
실제로 어디까지 실현될지 주목되고 있습니다.

여러분의 혈액형은 무엇인가요? 혈액형은 사람마다 다르고 가족이나 친척이라도 혈액형이 다를 수 있어요. 우리의 혈액형은 태어나기 전부터 결정되고, 사람들은 대부분 평생 같은 혈액형으로 살아가지요.

그런데 2019년 사람의 혈액형을 A형에서 보편적인 O형으로 변환할 수 있다는 연구가 《네이처 마이크로바이올로지Nature Microbiology》에 발표되었어요. 어떻게 이런 일이 가능할 수 있을까요?

사람의 혈액형

사람 혈액형의 종류는 매우 다양하지만, 그중에서 주로 사용되는 것은 ABO식 혈액형과 Rh식 혈액형이에요. 혈액이 부족한 환자에게 다른 사람의 혈액을 주입하여 치료하는 방법을 수혈이라고 하는데, 안전한 수혈을 위해서는 이 두 가지 종류의 혈액형을 반드시 확인해야 해요. 어떤 혈액형을 수혈했는지에 따라 환자의 생사가 달라지기도 하니까 얼마나 중요한지 알 수 있지요.

우리에게 익숙한 A형, B형, O형, AB형의 네 종류 혈액형을 ABO식 혈액형이라고 해요. 이것을 처음으로 분류한 사람은 오스트리아의 병리학자인 카를 란트슈타이너 Karl Landsteiner였어요. 란트슈타이너는 서로 다른 사람의 혈액이 섞였을 때 어떤 경우에는 적혈구가 서로 뭉쳐서 덩어리가 되는 현상을 발견했어요. 그것을 계기로 1901년 사람의 혈액형을 지금의 A형, B형, O형으로 분류했고, 다음 해에는 제자들에 의해 AB형도 밝혀졌어요. 그리고 이러한 혈액형의 중요성을 인정받아 1930년에는 노벨생리의학상을 받았지요. 이후 연구를 계속한 란트슈타이너는 1940년에 Rh식 혈액형도 공동 발견했어요. Rh식 혈액형의 종류에는 Rh+형과 Rh-형이 있답니다.

혈액형의 유전

그렇다면 우리의 혈액형은 어떻게 결정된 것일까요? 혈액형은 유전적으로 결정되는 형질이에요. 사람은 일반적으로 ABO식 혈액형을 결정하는 한 쌍의 대립유전자를 한 종류 가지고 있어요. A형인 사람은 AA 또는 AO, B형은 BB 또는 BO, O형은 OO, AB형은 AB를 가지고 있지요. 그리고 자손에게 한 쌍 중 하나의 유전자만을 전달하기 때문에 자손은 아빠와 엄마로부터 각각 하나씩 물려받게 돼요. 이 하나하나가 만나서 다시 한 쌍의 대립유전자가 되면 자손의 혈액형이 결정되지요. 그러니까 부모님의 혈액형을 알고 있다면 자녀의 혈액형도 추측할 수 있어요. 예를 들어 아빠가 AO를 가지는 A형이고, 엄마가 OO인 O형이면 아빠는 자녀에게 A 또는 O를, 엄마는 자녀에게 O만을 물려주기 때문에 자녀의 혈액형은 AO인 A형이거나 OO인 O형이 되지요.

수혈의 규칙

겉으로 보기에 사람의 혈액은 다 같은 붉은 액체인 것 같은데 혈액형마다 무엇이 다른 걸까요? 사람의 혈액에는 적혈구와 백혈구, 혈소판과 같은 혈구 성분이 45% 들어 있고, 나머지 55%는 액체 성분인 혈장이에요. 그 중에서 ABO식 혈액형을 결정하는 중요한 요소는 적혈구 표면에 있으면서 항원 역할을 하는 응집원과 혈장에 들어 있으면서 항체 역할을 하는 응집소예요. 응집원은 A와 B 두 종류가 있고, 응집소는 α와 β 두 종류가 있는데, 특정 응집원과 응집소가 만나면 적혈구가 서로 뭉쳐서 피가 엉기는 응집 현상이 일어나 버리게 돼요. 응집을 일으키는 조합은 응집원A와 응집소α, 응집원B와 응집소β가 만나는 경우이지요.

A형의 혈액에는 응집원A와 응집소β가 들어 있고, B형은 응집원B와 응집소α를 가지고 있어서 각자의 몸 안에서는 응집반응이 일어나지 않아요. 하지만 만약 A형과 B형의 혈액이 섞인다면 응집이 일어나 버리겠지요. O형은 응집원 없이 응집소만 α와 β 모두 가지고 있고, AB형은 응집원 A와 B를 모두 지니고 있지만, 응집소는 없어요. 몸 안에서 응집이 대량으로 일어나면 생명에 위험이 따르기 때문에 수혈을 할 때에는 반드시 이러한 관계를 고려해야 해요.

많은 피를 수혈해야 하는 경우에는 반드시 같은 혈액형끼리만 해야 하고, 소량 수혈은 일부에 한해 다른 혈액형으로부터 수혈받을 수 있어요. 응집 관계를 고려해서 A형과 B형은 O형으로부터, AB형은 A형, B형, O형 모두로부터 소량 수혈받을 수 있지요. O형은 모든 혈액형의 사람들에게 수혈해 줄 수 있지만, 다른 혈액형에게는 수혈받을 수 없어요. 마찬가지로 Rh항원을 갖는 Rh+형은 Rh+와 Rh-인 사람 모두에게 수혈받을 수 있지만, Rh-형은 오직 Rh-에게만 수혈받을 수 있어요. 란트슈타이너에 의해 혈액형이 분류되기 전까지는 이런 원리를 몰랐기 때문에 수혈 때문에 생명을 잃는 사람들이 많았다고 해요.

만능 혈액은 가능할까?

현재까지 알려진 바에 의하면 헌혈은 수혈이 필요한 환자의 생명을 구하는 유일한 방법입니다. 하지만 헌혈한 혈액은 오래 보관할 수 없고, 혈액은 인공적으로 만들거나 대체 물질을 구할 수도 없기 때문에 환자를 위한 혈액공급은 사람들의 지속적인 헌혈에 의존하고 있어요. 대한적십자사에 따르면 혈액을 우리나라가 자급자족하기 위해서는 1년에 약 300만 명이 헌혈에 참여해야 한다고 해요. 심지어 네 종류의 혈액량을 필요에 따라 모두 공급하기에는 어려움이 있지요.

그렇다면 가장 많은 혈액형은 무엇일까요? 한국인에게 가장 많이 나타나는 혈액형은 A형으로 전체 인구의 약 30% 정도가 된다고 해요. 미국을 비롯한 여러 나라에서도 A형의 비율이 높게 나타나는 것으로 알려져 있어요. 가장 많은 사람들이 가지고 있는 A형의 혈액을 가장 많은 사람에게 수혈할 수 있는 O형으로 바꿀 수 있다면 혈액공급부족을 해결할 수 있지 않을까요? 과학자들은 이러한 아이디어에 착안해서 A형의 혈액을 O형으로 변환할 수 있는 여러 가지 방법을 시도해 왔어요. A형의 응집원 구조 중에서 A형을 결정하는 당을 제거하면 된다는 것을 알아냈지요. 하지만 당을 모두 제거해서 완벽한 O형을 만드는 것은 성공하지 못했어요. 당을 제거하기 위해 투입한 효소의 활동이 비효율적이거나 적혈구가 터지는 용혈 현상이 일어나 버리기도 했거든요. 2015년에는 우리나라의 연구팀이 유전자가위를 이용해 혈액을 바꾸는 기술을 개발하기도 했지만 아직 상용화되지는 못했어요.

캐나다의 연구팀은 조금 다른 시도를 했어요. A형 적혈구의 당을 보다 효과적으로 제거할 수 있는 효소를 사람의 장에서 살고 있는 미생물에게서 찾았지요. 이 미생물은 장 안쪽 벽을 싸고 있는 뮤신이라는 당단백질을 갉아 먹는데, 뮤신의 당이 바로 적혈구 표면의 당

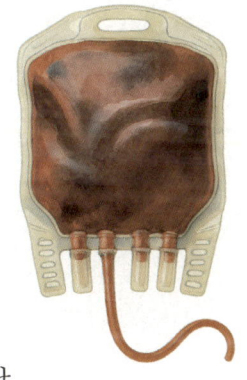

과 비슷하다는 것을 알아냈거든요. 연구팀은 사람의 대변 샘플을 수집해서 효소의 유전자가 포함된 DNA를 분리해 내고, 이 효소들이 어떤 미생물의 것인지 찾아냈어요. 그리고 효소가 실제로 A형의 혈액에서 당을 제거하는 것을 확인했지요. 물론 실제 상용화되기 위해서는 아직 후속 연구가 필요하지만, 이번 발견을 통해 A형의 혈액을 누구에게나 수혈할 수 있는 만능 O형 혈액으로 변환할 수 있는 가능성에 성큼 다가갈 수 있게 됐어요.

혈액형의 발견으로 전 세계 수많은 사람들을 구한 란트슈타이너의 업적을 기리기 위해 그의 탄생일인 6월 14일을 세계 헌혈자의 날로 지정했어요. 란트슈타이너를 비롯한 여러 과학자들의 발견과 노력이 많은 생명을 구한 것처럼 포기하지 않고 꾸준히 연구한다면 언젠가는 혈액 부족 문제도 해결할 수 있지 않을까요?

세균을 #공격해 우리를 지키는
바이러스

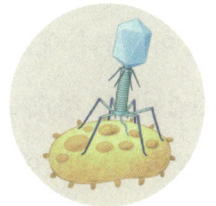

생물과 비생물의 경계에 있는 바이러스는
치명적인 병원체이면서 항생제 내성균을 억제할 잠재력도 지녔습니다.
그 이중적 특성을 어떻게 활용하고 통제하느냐에 따라
미래 의료와 생태계가 크게 달라질 전망입니다.

2022년 겨울, 해양수산부는 식중독 예방을 위한 안전조치 강화를 발표했어요. 식중독은 주로 무더운 여름날에 상한 음식을 먹으면 걸리는 대표적인 질환이지만, 이렇게 추운 겨울날 식중독이 전국적으로 확산하고 있다니 어떻게 된 것일까요? 식중독을 일으키는 것은 주로 세균이나 바이러스인데, 여름에는 세균의 번식과 전염이 빨라서 주로 세균성 식중독이 자주 발생해요. 추운 겨울에는 세균의 활동은 줄어들지만, 영하의 온도에서도 살 수 있는 바이러스들은 여전히 활발하게 활동하기 때문에 바이러스성 식중독이 유행하는 것이지요. 실제로 겨울철 식중독의 주된 원인인 노로바이러스는 영하 20도 이하에서도 살 수 있어서 바이러스에 감염된 어패류나 채소류 등의 음식물, 감염자와의 접촉 등을 통해 전염된다고 해요. 2020년대 초 전 세계적으로 확산하여 수많은 감염자를 만들어 낸 코로나19와 겨울철에 유행하는 독감도 바이러스에 의한 대표적인 질병입니다. 그렇다면 바이러스는 우리에게 해롭기만 한 것일까요?

미생물의 발견

*

앞에서도 살펴 보았듯이 눈에 보이지 않을 정도로 매우 작은 크기의 생명체를 미생물microorganism이라고 불러요. 사람이 맨눈으로 볼 수 있는 최소 크기가 약 0.1밀리미터 정도로 알려져 있기 때문에 보통 0.1밀리미터 이하의 생물을 통칭해서 부르기도 해요. 1546년 이탈리아의 의사 프라카스토로Girolamo Fracastoro는 눈에 보이지는 않지만 무엇인가가 존재하고, 그것이 전파되어 전염병을 일으킨다는 것을 최초로 주장했어요. 이후 현미경이 발명되면서 보이지 않던 것들을 볼 수 있는 길이 열리고, 대표적인 미생물인 곰팡이, 세균(박테리아), 원생생물 등이 발견되기 시작했지요. 네덜란드의 레이우엔훅Antony van Leeuwenhoek은 순도 높은 석영을 갈아 만든 렌즈로 270배까지 확대 관찰할 수 있는 현미경을 만들어 고여 있는 빗물, 자신의 입속, 혈액, 수염 등 주변의 다양한 것들을 관찰했어요. 빗물을 현미경으로 보았더니 움직이는 작은 생물체들이 있었고, 그는 이것을 'animalcule('작은 동물'이라는 뜻)'라는 이름으로 영국 왕립협회에 보고해서 살아 있는 미생물을 최초로 학계에 발표한 사람으로 역사에 남았어요.

현미경이 점점 발달하면서 이전에는 몰랐던 미생물들이 밝혀지고, 그중 어떤 것들은 다른 생물에게 질병을 일으키거나 생물체 내에서 특수한 기능을 하면서 생물을 돕는다는 것도 알아낼 수 있었어요. 또한 미생물이 지구에서 가장 오래된 중요한 생명체이며 굉장히 많은 종류가 존재하고 있다는 것도 밝혀졌답니다. 대표적인 미생물인 세균은 종류에 따라 0.2~10마이크로미터 정도의 크기이고, 바이러스는 세균의 100분의 1 정도라고 해요. 상대적으로 큰 세균은 빛을 렌즈로 굴절시키는 방식의 현미경으로도 관찰할 수 있었지만, 바이러스를 보기 위해서는 훨씬 더 고배율이 필요했기 때문에 20세기에 전자현미경이 발명되고 나서야 관찰할 수 있었어요.

세균과 바이러스

*

둘 다 미생물로 불리고, 다른 생물체에 병원체로 작용한다는 점 때문에 종종 혼동되지만, 세균과 바이러스는 매우 다른 특징을 가지고 있어요. 박테리아라고도 불리는 세균은 하나의 개체가 온전한 생명활동을 할 수 있는 생물이에요. 단단한 세포벽 안에 유전물질과 효소를 가지고 있어서 외부의 도움 없이 자기 복제와 증식을 할 수 있지요. 편모 같은 운동기관을 가지고 있는 종은 운동성을 나타내기도 해요. 하지만 바이러스는 유전물질은 가지고 있지만, 스스로 복제나 증식이 불가능하고, 다른 생물을 숙주 삼아 기생해야 생명활동과 증식을 할 수 있어서 생물이라고 하지 않고, 생물적 특성과 비생물적 특징을 가진 존재 또는 구조체라고 합니다.

바이러스는 생물을 숙주로 하기 때문에 사람을 비롯한 동물, 식물, 세균도 바이러스의 숙주가 될 수 있어요. 세균을 숙주로 하는 바이러스는 박테리오파지 bacteriophage (세균바이러스, 파지) 라고 하는데, 박테리오파지는 1915년 영국의 트워트 Frederick Twort 와 1917년 프랑스의 데렐 Félix d'Hérelle 에 의해 발견되었어요. 박테리오파지는 DNA나 RNA와 같은 핵산을 유전물질로 가지고, 단백질 껍질로 싸여 있는 구조로 되어 있어요. 숙주가 되는 세균에 부착해서 유전물질을 세균 안으로 집어넣으면, 세균의

DNA에 박테리오파지의 DNA가 끼어 들어가 세균의 DNA와 함께 복제돼요. DNA 복제가 충분히 이루어지면, 파지의 단백질 껍질이 만들어지고, 새로운 파지가 만들어져요. 완성된 파지는 세균을 뚫고 밖으로 나와 다른 숙주를 찾아가게 됩니다.

세균을 공격하는 바이러스, 박테리오파지
*

    박테리오파지가 세균을 공격하는 특성을 응용하여 파지를 항생제나 살균제로 이용하기 위한 연구가 이루어졌어요. 1940년대 초 페니실린의 대량 보급 전에는 파지를 천연 항생제로 이용했었다고 해요. 페니실린을 비롯한 다양한 항생제들이 개발되면서 파지의 이용은 줄어들었지만, 시간이 흘러 항생제에 내성을 가진 세균들이 나타나면서 다시 파지를 이용한 치료제나 항생제, 살균제의 연구가 진행되고 있어요. 벨기에의 피르나이 Jean-Paul Pirnay 박사 연구진은 항생제 내성균에 감염된 100명 이상의 환자를 박테리오파지를 이용해 치료에 성공했다는 결과를 국제 학술지 《네이처 커뮤니케니션즈》에 발표했어요. 특정 파지는 특정 세균을 감염시키는 특이성을 갖고 있기 때문에 인체에 있는 다른 유익한 세균이나 사람세포는 공격하지 않는다고 해요. 따라서 환자들을 공격한 세균을 알아내고, 그 세균을 감염시키는 파지를 이용하면 환자를 치료할 수 있겠지요. 하지만 이 때문에 환자마다 치료에 적합한 종류의 파지를 찾아내야 하는 번거로움이 있고, 세균이 파지에 대해 변이를 일으킬 수 있기 때문에 최근에는 다양한 종류의 파지를 모아 함께 적용하는 파지칵테일요법도 연구되고 있습니다.

의약품 외에도 세균으로 인해 피해를 보는 분야에 파지를 이용한 해결을 생각해 볼 수 있어요. 식품분야에서도 세균으로 인한 식품 오염이나 부패를 막기 위해 파지를 이용하고 있지요. 미국에서는 2006년 식중독 원인균인 리스테리아 *Listeria monocytogenes*를 억제하기 위해 파지를 미세한 스프레이 형태로 만들어 뿌리는 제품이 FDA(미국 식품의약국) 승인을 받은 바 있고, 이후 살모넬라균 *Salmonella*과 대표적인 장출혈성대장균인 *Escherichia coli* O157:H7에 대한 파지 제품도 개발되었다고 해요. 우리나라에서도 살모넬라균의 억제를 위한 파지혼합물이 개발되어 식품첨가물이나 사료첨가물로 이용되고 있어요. 농축산업과 수산업 분야에서도 동식물에 피해를 주고 있는 항생제 내성 세균의 퇴치를 위해 항생제 대신 파지를 이용하는 방법이 연구 중에 있다고 해요.

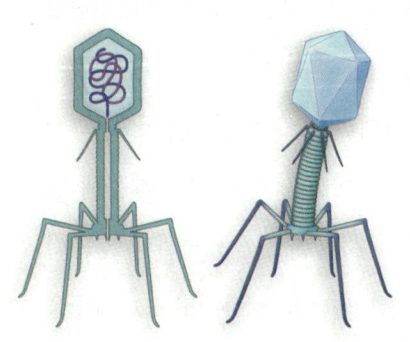

암치료에 이용하는 바이러스

*

최근에는 암치료에 바이러스를 이용하는 연구도 활발히 이루어지고 있어요. 브라질 상파울루대학교 연구팀은 지카바이러스 Zika virus를 이용해 생쥐의 뇌종양세포를 파괴하는 데 성공했다고 2022년 국제 학술지 《바이러스Viruses》에 발표했어요. 지카바이러스는 뇌의 내피세포를 뚫고 들어가 신경줄기세포를 공격하기 때문에 임신부가 감염될 경우 태아의 뇌가 제대로 발달하지 못하는 소두증을 일으킨다고 알려져 있지요. 연구진은 지카바이러스의 이러한 특징을 뇌종양 치료에 이용했어요. 지카바이러스 주사를 맞은 쥐의 체내에서는 면역반응을 촉진하는 사이토카인이 분비되어 암세포 생장을 차단하고, 암세포가 다른 곳으로 전이되지 못하게 했다고 해요. 바이러스가 쥐의 면역능력을 강화하게 만든 셈이지요.

파지가 특정 세균에 부착하고, 유전물질을 삽입하는 원리를 이용한 세균 진단 기술도 개발되고 있어요. 파지 내부에 특정 색이나 형광을 나타낼 수 있는 유전자를 삽입하고, 특정 세균이 있는 확인하고 싶은 부위나 지역에 뿌리면 파지가 그 세균을 감염시켜 증식하게 되니까 그 지역에서 색깔이나 형광이 나타날 수 있지요. 이를 통해 세균 오염 여부를 확인할 수 있습니다. 예를 들어 탄저균은 급성 전염성 감염 질환인 탄저병을 일으키는 위험한 세균인데, 주로 흙 속에 살기 때문에 초식 동물에게 주로 발병하고, 감염된 동물이나 토양을 통해 사람에게도 발병될 수 있어요. 만약 특정 지역에 탄저균이 유출된 경우 형광물질을 넣은 파지를 이용해 오염지역을 파악할 수 있지요. 이러한 용도로 이용되는 파지를 리포터파지라고 합니다. 이런 리포터파지가 다양하게 개발되면 특별한 장비가 없어도 빠른 시간 내에 유해균을 검출할 수 있습니다.

생명
의
언 어
들

생명의 다양성

1 — 생명의 기원과 인류의 기록
2 — 진화와 역사의 발자취
3 — 식물과 동물이 건네는 이야기
4 — 생물의 감정과 생태

생명과 떠나는
시간 여행

3

1

생명의 기원과
인류의 기록

생명 #탄생의 비밀통로,
열수분출공

빛이 닿지 않는 깊은 바닷속에서
생명 탄생의 실마리를 찾고 있습니다.
열수분출공에서 찾은 단서는
우주 생명체 연구로까지 이어질 수 있습니다.

영화 〈아쿠아맨Aquaman〉에는 바다에서 살아가는 여러 종족과 그들의 생활 공간인 해저 도시들이 등장합니다. 다양하고 웅장하게 펼쳐져 있는 해저 건축물 사이로 해양 생명체들이 헤엄치는 모습을 보고 있노라면 그 상상력과 표현력에 절로 감탄이 나옵니다. 그런데 이러한 도시의 모습이 실제 바닷속에 있다면 어떨까요?

1977년 미 해군 소속 심해 유인 잠수정 앨빈Alvin호는 갈라파고스 근처 심해에서 솟아오른 암석 기둥을 발견했습니다. 뜨거운 물과 기체가 차가운 바닷물로 뿜어져 나오는 바닷속 기둥, 바로 열수분출공이었습니다.

열수분출공이란?

열수분출공은 해저 지각에서 마그마로 인해 데워진 뜨거운 물과 기체가 분출되는 장소입니다. 처음 발견 이후 수십 년 동안 여러 차례 탐사를 통해 열수분출공이 있는 곳은 태양 빛이 도달하지 못하고 높은 압력과 높은 온도 조건을 가진 매우 깊은 바닷속이지만, 그 주변에는 특징적인 생태계가 존재하고 있다는 것이 밝혀지게 되었습니다.

또한 열수분출공은 뿜어져 나오는 물의 온도와 성분에 따라 초고온의 검은 연기가 나오는 블랙 스모커 black smoker, 보다 낮은 온도의 하얀 연기가 나오는 알칼리성 열수분출공인 화이트 스모커 white smoker로 나눌 수 있다는 것도 알려졌습니다.

열수분출공 근처에는 갑각류, 관벌레류, 갯지렁이류 등 다양한 생물들이 살고 있었는데요, 과학자들은 열수분출공 주변에 살고 있는 다양한 생물들과 함께 열수분출공의 형태학적 특징을 관찰하고, 이에 착안하여 지구 최초의 생명체가 열수분출공에서 나타났을 가능성에 대해 연구하고 있습니다.

지구 최초의 생명체는 어디에서 생겨났을까?

✵

1953년 미국의 화학자이자 생물학자인 스탠리 밀러Stanley Miller는 실험실에서 원시 지구환경을 모방한 실험 장치를 고안하고, 장치 내의 대기를 일주일 동안 방전시켜 간단한 유기물이 합성되는 것을 관찰했습니다. 밀러의 실험은 자연 상태에서 생명체의 기본 구성 요소들이 만들어질 수 있는 가능성을 처음으로 제시한 의미있는 연구였지만, 몇 가지 한계점을 가지고 있었습니다.

그중 한 가지는 농도의 문제였습니다. 생명체를 구성하는 성분들이 중합하여 단백질을 만들기 위해서는 높은 농도로 존재해야 하고, 매우 빠른 속도로 화학 반응이 일어나야 하는데, 밀러의 실험에서처럼

대기 중에서 유기물이 생성된다면, 이후 바다에 떨어져 흩어져 버릴 뿐 높은 농도로 존재하기 어려웠을 것입니다. 그런데 과학자들은 열수분출공에서 바로 이 문제 해결의 실마리를 찾게 됩니다.

생명 기원의 단서를 간직한 로스트 시티

*

열수분출공 중에서도 과학자들이 주목한 것은 수온이 섭씨 350~400도에 달하는 블랙 스모커에 비해 상대적으로 수온이 낮은 화이트 스모커였습니다. 심해에서 솟아오르는 바닷물에 녹아 있던 수산화광물이 열수공 주위에 쌓여 암석 기둥이 만들어지는데, 이때 뿜어져 나오는 기체가 빠져나가면서 암석 내부에 매우 작은 구획으로 나뉜 미로같이 복잡한 구조가 만들어지게 됩니다. 이 구조를 통해 따뜻한 알칼리성 열수가 차가운 바닷물로 빠져나오고, 그 과정에서 미세한 구획 내부에 유기분자가 자연스럽게 농축될 수 있었던 것으로 생각됩니다.

이런 종류의 분출공들은 2000년대에 대서양 중앙해령에서 15킬로미터 떨어진 지점에서 발견되었으며, 그 생김새가 사라진 전설 속의 도시를 연상하게 한다고 하여 '로스트 시티 lost city'

라고 불리게 되었습니다.

해저의 로스트 시티에서 솟아오르는 열수에는 기체 상태의 수소가 포함되어 있습니다. 이렇게 안정적으로 공급되는 수소는 이산화탄소와 반응해 유기분자를 형성합니다. 다공성 구조의 열수공에서는 이와 같은 유기분자들이 농축되어 유전물질인 RNARibonucleic Acid와 같은 중합체를 만들었을 것으로 추측됩니다.

실제로 열수의 흐름이 있는 곳에서는 세균들이 활발하게 활동하면서 화학적 불균형을 최대한 활용하는 것이 관찰되기도 하였습니다. 생명 기원의 비밀을 밝히기 위한 새로운 실마리가 나타난 것입니다.

바다를 넘어서 우주로

*

이와 같이 열수분출수공 주변의 심해 생태계 발견을 계기로 최초의 생명이 열수분출공에서 발생했을 가능성이 주목받게 되었습니다. 또한 열수분출공에 대한 연구가 진행되면서 자연스럽게 외계 생명이 존재할 가능성에 대한 연구도 활발해졌습니다.

앞서 이루어졌던 밀러의 실험대로만이라면 지구나 화성 정도까지만 생물이 살 수 있을 것으로 추측되었으나, 열수분출공과 같이 태양 빛이 들지 않고, 고온과 고압이며, 독성화학물질로 둘러싸인 조건에서도 생명체가 출현할 수 있다면 보다 많은 천체가 생명의 존재 가능성을 가질 수 있기 때문입니다.

우리나라도 2000년대부터 심해의 열수분출공 탐사를 지속해 오고 있으며, 2018년에는 인도양에서 일본, 미국, 중국에 이어 전 세계에서 네 번째로 열수분출공을 발견하는 성과를 이루고, 다양한 연구를 진행 중에 있습니다. 생명 기원의 단서를 찾아 깊은 바닷속으로 떠난 모험이 머리 위로 저 높이 우주 생명체 연구와 연결된다니 재미있지 않나요?

어디에나 사는 생명의 #조상, 박테리아

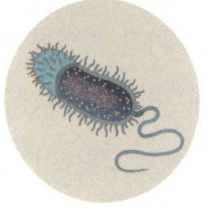

박테리아는 눈에 보이지 않을 정도로 작지만,
지구환경 전반에서 다양한 방식으로 존재감을 드러내서
'보이지 않는 지배자'라 불립니다.
최근에는 극한 조건에서 사는 종이 밝혀지면서
외계 생명체 연구에의 활용이 주목받고 있습니다.

2020년 《네이처》에는 미국 캘리포니아공과대학 재러드 리드베터 Jared Leadbetter 교수의 우연한 발견에서 시작된 연구 결과가 발표되었어요. 실험 후에 씻지 않고 물에 담근 채로 수개월 방치했던 유리병에서 금속을 에너지원으로 삼는 박테리아가 발견되었지요. 연구진은 유리병 표면에 일어난 변화가 미생물 때문에 일어난 것으로 추측하고 연구를 진행해서 박테리아의 정체를 알아냈다고 해요. 미생물과 박테리아는 무엇이 다를까요?

미생물? 박테리아? 세균? 바이러스?

*

　　미생물微生物, microorganism은 이름에 담긴 의미처럼 매우 작아서 맨눈으로 관찰하기 어려운 생물을 의미해요. 일반적으로 0.1밀리미터 이하의 크기이기 때문에 현미경으로 관찰해야 하지요. 17세기 네덜란드의 과학자 레이우엔훅은 렌즈를 갈아서 직접 현미경을 만들어서 고인 빗물 속의 단세포 미생물을 처음으로 관찰하고, 그 결과를 영국 왕립학회에 보고하여 미생물의 세계를 세상에 알렸지요. 미생물 중에서도 곰팡이가 가장 처음 발견되었고, 이후에는 세균과 원생동물, 미세조류 등이 관찰되었어요. 이후 현미경 기술이 발달하면서 훨씬 더 작은 크기인 바이러스까지도 전자현미경으로 관찰할 수 있게 되었지요.

　　박테리아는 세균의 영어 이름이에요. 어떤 것을 생물이라고 부르기 위한 조건 중에는 세포로 되어 있어야 한다는 것이 있는데, 세균은 단 하나의 세포로 이루어진 단세포 생물이에요. 사람의 세포가 30조 개 이상인 것과 비교해 보면 얼마나 단순한 생명체인지 알 수 있지요. 게다가 지금까지 알려진 박테리아들 대부분은 1~10마이크로미터 정도로 미세한 크기라고 해요. 세포막과 세포벽을 가지고 있어서 주변 환경으로부터 자신을 보호하고, 내부에는 DNA나 RNA 같은 유전물질과 효소 등을 가지고 있어 독립적인 생명활동을 할 수 있어요. 우리 몸 안에도 존재하는 대장균, 식중독을 일으키기도 하는 황색포도상구균이 대표적인 박테리아입니다.

코로나19 이후로 더 유명해진 바이러스는 박테리아와 비슷한 것으로 오해하기 쉬운데 엄밀히 말하면 박테리아와는 매우 다른 존재예요. 바이러스는 박테리아보다도 수십에서 수백 배 더 작아 전자현미경이 개발된 20세기가 되어서야 관찰할 수 있었어요. 최근에는 수 마이크로미터 정도로 큰 바이러스가 발견되기도 하지만 여전히 매우 작지요. 바이러스는 세포로 되어 있지 않고, 유전물질이 단백질 껍질로 둘러싸여 있어서 박테리아보다도 더 단순한 구조로 되어 있어요. 독립적인 물질대사도 불가능하기 때문에 살아 있는 다른 생물에 기생하여 증식하지요. 이런 이유들 때문에 바이러스는 생물과 비생물의 중간적인 존재로 불리고 있어요. 코로나19의 원인인 SARS-CoV-2, 장염을 일으키는 노로바이러스 등이 대표적이에요.

극한 환경에 사는 박테리아: 우주 생명체의 실마리

*

과거 지구에 대한 정보를 얻기 위해 지질환경을 분석한 결과 지구에 최초로 생명체가 등장한 것은 35억 년 전이라고 해요. 당시에 나타난 생물은 바닷속에 사는 박테리아였다고 하지요. 작고 둥근 형태의 이 박테리아의 이름은 시아노박테리아 cyanobacteria인데, 지금도 바닷속을 떠다니며 살고 있어요. 과거 지구에 살던 시아노박테리아는 바다에 쌓이고 굳어져서 스트로마톨라이트 Stromatolite라고 불리는 화석으로 남아 있어요. 스트로마톨라이트는 세계 곳곳에서 발견되는데, 우리나라 인천 소청도에서도 10억 년 전에 만들어진 것으로 보이는 스트로마톨라이트가 발견되었어요. 호주 서부의 샤크베이에서는 지금도 만들어지는 중인 스트로마톨라이트를 관찰할 수 있어요. 지금보다 극한 환경이었던 원시 지구에 나타난 박테리아로부터 지구 생명이 시작되어 현재까지 이어져 온 셈이지요.

현재 지구에서도 박테리아가 살지 못하는 곳은 없다고 표현할 수 있을 정도로 극한 환경에서조차 박테리아가 발견되고 있어요. 물의 어는점보다 낮은 영하의 온도, 끓는점보다도 높은 120도 이상의 온도, 염분이나 중금속 농도가 너무 높거나 방사능에 오염된 환경에서조차도 살아가고 있답니다. 그런 환경에서 살 수 있다는 것은 그 조건에서도 몸을 유지하면서 먹이를 먹고 에너지를 만들며 증식을 하는 등의 생명활동을 한다는 것을 의미해요. 우리가 음식을 먹어 에너지를 얻듯이 박테리아들도 무언가를 먹어서 에너지를 만들어야 하는데 극한 환경 조건에서는 보통의 생물들이 섭취할 수 없는 것들이 대부분이거든요.

 앞에서 언급한 리드베터 교수 연구팀이 발견한 박테리아는 금속을 먹는 것으로 밝혀졌어요. 탄산망가니즈 화합물로 코팅된 유리병을 수개월 방치했더니 검게 변했는데, 알고 보니 망가니즈Manganese, Mn를 에너지원으로 하는 박테리아가 탄산망가니즈를 산화시켰기 때문이었지요. 망가니즈는 지각에서 열두 번째로 많은 원소이면서 지표와 심해저에 다량으로 존재하고, 생물의 물질대사에도 중요한 원소로 알려져 있어요. 과학자들은 100년 전부터 금속을 에너지원으로 이용하는 박테리아가 있으리라 예측했었는데, 이번 연구를 통해 실제로 밝혀진 것이지요. 연구진은 생성된 망가니즈 산화물에 존재하는 박테리아를 배양해 약 70여 종을 발견했고, 이 중에서 탄산망가니즈를 산화시킨 박테리아 두 종을 찾아냈어요. 두 종류의 박테리아는 각각 니트로스피라균Nitrospirae과 베타프로테오박테리아Betaproteobacteria 그룹에 속하는 박테리아라고 해요.

 또한 바위 속의 물을 먹고 사는 박테리아가 발견되기도 했어요. 미국 캘리포니아대와 존스 홉킨스대 공동 연구진은 건조한 환경에 처한 시아노박테리아가 수분을 섭취하기 위해 유기산을 분비하면서 바위 속으로 들어가는 것을 관찰했지요. 사막과 같은 극한 건조 환경에서 박테리아는 수분을 얻기 위해 바위 속으로 들어간다고 해요. 석고로 된 바위는 칼슘과 황산염 이온 사이에 물이 존재하는데, 박테리아가 산이 들어 있는 얇은 점막을 이용해 바위를 파고 들어가 물에 더 가까이 접근할 수 있어요. 박테리아가 수분을 흡수하고 난 바위는 물이 없는 무수광물로 변했다고 합니다. 이 연구 결과는 《미국국립과학원회보》에 발표되었어요.

　이렇게 다양한 극한 환경 조건에서도 살아가는 박테리아를 통해 과학자들은 지구 밖 우주에서도 생명체가 살고 있을 가능성을 연구하고 있어요. 극저온이나 초고온, 매우 낮은 pH, 고압, 건조 등은 물론 유기물이 없는 극한 환경에서도 에너지원을 찾아 생존하고 있는 박테리아라면 다른 지구 생명체는 견디지 못할 우주 어딘가에서도 살고 있지 않을까요?

#똥 화석에서 찾는 정보,
장내미생물

동물의 뼈나 발자국뿐 아니라, 똥도 화석이 되어
고대 생물의 식습관과 환경을 알려주는 중요한 단서가 됩니다.
특히 똥 화석에는 장내 미생물에 대한 정보까지 담겨 있어
과거 인류의 생태와 진화 연구에 큰 도움을 주지요.

화석은 과거에 살았던 생물과 당시 환경에 대한 정보를 알려주는 중요한 단서예요. 생물의 뼈나 발자국 화석처럼 신체 일부와 생활 흔적이 화석이 되기도 하고, 생물이 배출한 분변(똥)도 단단한 화석이 될 수 있어요. 똥 화석에는 똥 주인의 생체 내부 정보가 담겨 있는데요, 이를 분석하면 과거 생물이 어떤 것을 먹고 살았으며, 생물이 어느 환경에 살았고, 당시 살던 다른 생물은 어떤 것이 있었는지도 추가로 알 수 있다고 해요. 또한 똥 주인의 장 내부에 살았던 다른 생물의 정보도 알 수 있습니다. 그

런데 이런 정보들을 어디에 이용할 수 있을까요?

중생대 똥 화석이 알려준 것

✱

스웨덴 웁살라대학교를 비롯한 국제 연구팀은 폴란드 남부 지방의 채석장에서 발견된 중생대 공룡형류_{dinosauriform}의 똥 화석을 분석했어요. 공룡형류는 공룡과 같은 조상에서 갈라져 나왔지만 공룡과는 다르게 진화한 집단이에요. 공룡의 사촌인 셈이지요. 분석한 똥의 주인은 약 2억 3,000만 년 전인 중생대 트라이아스기에 살았던 것으로 추정되는 실레사우루스*Silesaurus opolensis*였어요. 트라이아스기는 중생대 초기인데, 바로 직전 시기인 고생대 말 페름기와 트라이아스기 초기에 걸쳐 지구 역사상 최대의 대멸종이 일어납니다. 해양 생물 종의 약 96%와 육상 척추동물 종의 약 70%가 사라져서 결국 전 지구적으로 약 80~96%의 생물 종이 없어진 엄청난 사건이었지요.

그중에 살아남아 진화한 대표적인 생물 중 하나가 바로 딱정벌레예요. 딱정벌레는 현재 알려진 곤충의 40%를 차지할 정도로 크고 다양한 생물군인데, 원시 딱정벌레의 화석이 거의 발견되지 않아 연구에 어려움이 있었다고 해요. 그런데 실레사우루스의 똥 화석 안에서 더듬이부터 다리까지 온전하게 보존된 원시 딱정벌레가 발견됐어요. 연구팀은 길이 17밀리미터, 직경 21밀리미터의 원통형 화석 조각을 엑스선 단층 촬영하여 겉으로는 보이지 않는 화석 내부를 3차원으로 분석할 수 있었습니다. 그 결과 몸길이 1.4~1.7밀리미터, 겉날개 0.9~1.3밀리미터, 폭 0.4~0.5밀리미터 정도 크기의 딱정벌레와 그보다 더 큰 딱정벌레의 신체 일부로 보이는 조각들이 수십 개 발견되었지요. 몸이 작은 딱정벌레는 그대로 삼켜져서 원형이 잘 보존되었고, 큰 먹이들은 잡아먹히면서 분해된 것으로 추정된다고 해요. 온전히 보존된 덕분에 그 딱정벌레가 지금은 멸종한 새로운 종이라는 것도 알아낼 수 있었어요. 이와 함께 실레사우루스가 딱정벌레와 함께 먹었을 것으로 보이는 녹조류의 흔적들도 함께 발견되어 실레사우루스가 습지나 물가에서 살았고, 잡식생활을 했으며, 딱정벌레도 마찬가지의 환경에서 살았던 것까지 알 수 있다고 하니 작은 똥 화석이 우리에게 알려주는 정보가 참 많지요. 연구팀은 이 결과를 2021년 7월 국제 과학학술지인 《커런트 바이올로지》에 발표했습니다.

1,000년 전 조상의 똥 화석과 장내 미생물

*

미국 하버드대학교 연구팀은 약 1,000년 전 사람의 것으로 추정되는 똥 화석 연구 결과를 국제학술지《네이처》에 발표했어요. 연구팀은 미국 남서부와 남미 지역에서 발견된 고대 인간 분변 화석 8점을 분석하여 당시 사람들의 장에 살았던 장내 미생물에 대한 정보를 알아냈습니다. 방사성동위원소를 이용하여 언제 만들어진 화석인지 연대를 측정해 보았더니 기원후 0~1000년에 만들어진 것이었다고 해요. 분변은 자연 상태에서 분해되어 버리는 경우가 많지만, 연구 대상이 된 화석들은 건조한 기후와 환경 덕분에 상태가 매우 잘 보존될 수 있었어요. 화석에서 유전정보를 찾기 위해 연구팀은 화석 하나당 1억 번 이상의 DNA 판독 과정을 실시하였고, 그 결과 인간의 장에서 유래한 것으로 생각되는 181개의 유전체를 찾아냈어요. 분변에는 인체에서 유래한 유전정보뿐만 아니라 당시 인간이 섭취했던 생물의 유전체가 함께 섞여 있고, 배출 이후 외부 미생물에 의해 오염됐을 가능성도 있기 때문에 최대한 인간의 유전체만 골라내는 작업을 한 것이었지요. 그렇게 찾아낸 고대인의 장내 미생물 유전체를 현대인의 분변에서 추출한 것과 정밀하게 비교 분석했습니다. 그래서 당시 사람들은 옥수수와 콩 등을 재배하여 섭취하였고, 일부 지역에서는 선인장과 메뚜기를 먹었다는 것을 알아냈어요.

    인간의 몸에는 약 100조 개의 미생물이 공생하고 있는데, 그중에서도 장에 사는 다양한 장내 미생물들은 여러 가지 대사 작용과 면역계에 큰 영향을 주는 것으로 알려져 왔어요. 앞선 연구들을 통해 연구를 통해 고대인의 장내 미생물 유전체는 현대인과 다르게 구성되어 있었다는 것이 밝혀졌습니다. 고대인에게서 발견된 장내 미생물의 38%는 현대인에게서 나타나지 않는 고대 미생물종이었고, 정제되지 않은 복합탄수화물을 분해하는 데에 관여하는 유전자를 다량 가지고 있었어요. 또 항생제 내성에 관여하는 유전자와 장 내부 표면의 점액질 층을 분해하는 단백질 유전자는 현대인보다 적게 가지고 있었다는 것도 알아냈지요. 이것을 종합하면 고대인들은 섭취하는 음식물의 종류가 지금보다 다양했기 때문에 장내 미생물도 더 다양하게 가질 수 있었고, 장 점액층 부족으로 인한 질병도 현저히 적게 겪었을 것이라고 해요. 연구팀에 따르면 고대인의 장내 미생물 군집은 현대인 중에서도 산업화가 이루어지지 않은 지역에 사는 사람들과 비슷하다고 합니다. 산업화로 인해 편리한 식생활을 해올 수 있었지만, 그 결과로 장내 미생물의 다양성과 일부 질병에 대한 면역을 잃어온 셈이 된 것이지요.

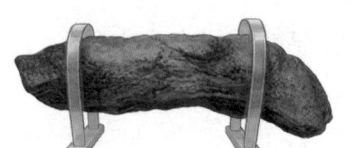

장내 미생물 연구

✱

그뿐만 아니라 한국인의 장내 미생물 유전자 지도가 최초로 구축되었다는 소식이 발표되기도 했습니다. 90명의 한국인과 일본, 인도 등 아시아 3개국에서 845명의 분변을 채취하고, 5,414종의 장내 미생물을 분석하여 23만 개 이상의 유전체와 1억 개 이상의 단백질이 포함된 유전자 지도를 만들었어요. 연구 결과 한국인의 장내 미생물에서는 식이섬유 관련 유전자가 많이 발견되었고, 일본인에게서는 해양 미생물 유래 탄수화물을 분해하는 효소 유전자가 많이 발견됐어요. 이 결과를 통해 각국의 식생활과 장내 미생물 군집의 구성이 밀접하게 관련되어 있다는 것을 확인할 수 있었지요. 영국 연구팀에 의해 2020년에 공개된 장내 미생물 유전자 지도는 유럽과 미국, 중국의 데이터만 포함되어 있었는데, 이번 연구 결과로 인해 한국을 포함한 아시아인의 특성을 더욱 잘 반영한 맞춤 연구가 가능하게 되었습니다.

#고인류의 예술이 전하는 숨결,
동굴벽화

지금도 선명하게 남아 있는 고대 동굴벽화는
과거의 예술과 기술의 기적을 동시에 보여줍니다.
오랜 시간 봉인되어 온 흔적에서
고인류 진화의 메세지를 찾을 수 있습니다.

2021년 《사이언스 어드밴시스Science Advances》에는 약 4만 5,000여 년 전에 그려진 것으로 추정되는 동굴벽화에 관한 연구가 실렸어요. 인도네시아에서 발견된 이 벽화는 현재까지 발견된 것 중 현생인류가 그린 가장 오래된 벽화로 밝혀졌고, 당시의 동물 그림이 붉은색으로 선명하게 남아 있다고 해요. 오래된 벽화인데도 어떻게 지금까지 잘 보존될 수 있었을까요?

최초로 발견된 동굴벽화

동굴벽화는 동굴의 벽면이나 천장 등에 그려진 그림을 뜻하는데, 이번에 발견된 것이 역사적으로 처음 발견된 동굴벽화는 아닙니다. 최초로 발견된 동굴벽화는 1879년 스페인 북부 칸타브리아 지역에서 발견된 알타미라Altamira 동굴벽화예요. 약 270미터에 달하는 동굴 자체는 1868년에 이미 발견됐었지만, 내부의 벽화는 당시 석기와 화석 등을 탐사하던 마르셀리노 사우투올라Marcelino Sanz de Sautuola와 그의 여덟 살 난 딸 마리아María에 의해 발견됐어요. 마리아가 동굴의 천장과 벽에서 그림을 우연히 찾았고, 이를 계기로 동굴 안쪽을 조사하여 더 많은 벽화가 세상에 알려지게 되었지요. 발견된 벽화의 수가 많고, 보존 상태도 너무 좋아서 처음에는 가짜로 그림을 그려놓고 사람들을 속이려 한다는 오해를 받기도 했지만, 세월이 흘러 주변 여러 지역에서도 동굴벽화들이 발견되어 진짜 구석기 시대 벽화로서의 가치를 인정받을 수 있었어요. 1985년 유네스코UNESCO 세계유산에 등재되었고, 2008년에는 알타미라 이외에도 스페인 북부지

역에서 발견된 17개 동굴벽화가 함께 세계유산에 추가되었습니다. 분석 결과 알타미라 동굴벽화는 기원전 3만~2만 5000년인 후기 구석기 시대에 그려졌다는 것이 밝혀졌어요. 그림 속에는 들소, 말, 사슴, 멧돼지 등의 여러 동물이 다양하고 생생하게 표현되어 있고, 사람의 손바닥과 여러 기호가 남아 있어요. 또한, 동굴 내부에 수십 점에 달할 정도로 많이 그려져 있어 알타미라 동굴 자체를 구석기 시대의 박물관이라고 부를 정도라고 하지요. 동물들의 형태나 명암, 원근감은 물론 갈색, 노랑, 검정 등 다채로운 색깔이 아름답고 선명하게 남아 있습니다.

풍부한 색채가 선명하게 보존된 동굴벽화

*

1940년에는 프랑스 남서쪽 도르도뉴Dordogne 지역에서 보물을 찾던 네 명의 10대 청소년에 의해 동굴벽화가 발견되었어요. 라스코Lascaux 동굴에서 발견된 이 벽화 역시 후기 구석기 시대의 그림으로 추정되고, 시기적으로는 알타미라 동굴벽화 이후인 기원전 1만 7000년~1만 5000년에 그려졌을 것이라고 해요. 정밀한 탐사 결과 라스코 동굴벽화 역시 알타미라와 마찬가지로 다양한 동물들이 매우 생동감 넘치고 섬세하게 표현되어 있었으며, 발견된 그림과 조각을 합하면 수천 점이나 되었습니다. 붉은색과 주황색, 검정색 등 풍부한 색채로 표현된 동물과 기호들이 굉장히 또렷하게 남아 있고, 그중에서도 5미터가 넘는 크기의 검은 소 네 마리 그림은 현재까지 발견된 구석기 시대 그림 중 가장 크다고 해요. 라스코 동굴벽화 역시 1979년에 유네스코 세계문화유산으로 등재되었어요.

1994년에는 프랑스 남부 아르데슈Ardèche강 유역에서 후기 구석기 시대 동굴벽화가 추가로 발견되었어요. 발견자의 이름을 따서 명명한 이 쇼베-퐁다르크Chauvet-Pont d'Arc 동굴벽화는 연대 측정 결과 약 3만 2,000년~3만 년 전의 작품으로 밝혀졌고, 들소, 곰, 매머드 등 다양한 동물들을 그린 1,000여 점 이상의 그림과 사람의 손·발자국, 당시의 유물들이 함께 발견되었다고 해요. 쇼베 동굴은 약 2,000년 전에 암벽 붕괴로 폐쇄되어 1994년 전까지 봉인된 상태로 있었는데, 그래서 내부 작품들이 놀라울 정도로 잘 보존되어 있었어요. 선명한 색채가 그대로 남아 있는 벽화에 표현된 예술적 기법과 그 수준이 매우 높아 고고학적 및 고생물학적 가치를 인정받았고, 2014년에 유네스코 세계유산으로 등재되었지요.

과거의 고인류가 이런 동굴벽화를 그린 이유에 대해서는 여러 해석이 있어요. 사냥 생활을 하던 구석기 시대의 인류가 사냥 장면을 묘사하거나 사냥감을 그려서 사냥의 성공을 기원했던 흔적이라고도 하고, 사냥 후 대상들을 기리고 반성하는 의미라고도 해요. 2018년에는 라스코 동굴벽화에 이뿐만 아니라 당시 일어났던 운석 충돌도 기록되어 있다는 연구 결과가 발표되기도 했지요. 영국 에든버러대학교 연구팀은 라스코 동굴벽화의 일부에 기원전 1만 5200년경에 발생한 운석 충돌 사건과 당시 별자리가 묘사되어 있다고 추측했어요.

가장 오래된 동굴벽화는?

현재까지 발견된 동굴벽화 중 가장 오래된 것은 어떤 것일까요? 알타미라가 발견된 이래로 수많은 동굴벽화가 발견되어 왔는데, 2021년 1월 13일 발표된 호주와 인도네시아 공동연구팀의 연구 결과로 인해 가장 오래된 동굴벽화의 기록이 깨지게 되었습니다. 연구팀은 인도네시아 술라웨시섬의 레앙 테동게**Leang Tedongnge** 동굴에서 약 4만 5,000년 전에 그려진 것으로 추정되는 가로 136센티미터, 세로 54센티미터 크기의 술라웨시섬 토종 멧돼지 그림과 사람의 손도장 등을 발견했어요. 이들은

2017~2019년에도 인도네시아에서 4만 4,000년 전의 벽화를 발견했는데, 이번에 발견된 것은 그보다 약 1,000년이나 앞서 있어 자신들의 발견 기록을 경신한 셈이 되었지요. 또한, 연구팀의 분석에 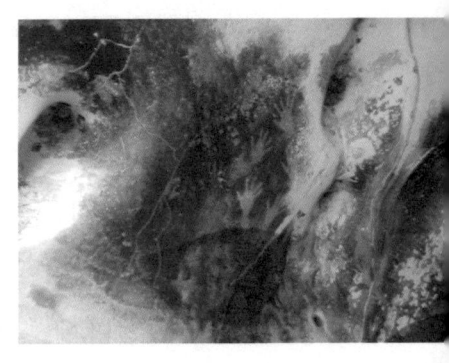 따르면 이 벽화는 지금의 인도네시아 섬 지역에 당시 현생인류가 살았다는 증거이며, 과거 인류가 아프리카에서 동남아시아를 거쳐 6만 5,000년 전 호주로 이주했을 가능성을 뒷받침해 준다고 해요. 아직은 당시 인류에 관련된 화석들이 부족해서 확신할 수는 없지만 이후 그런 증거들이 발견된다면 더욱 확실해지겠지요. 연구팀은 과거 인류가 동굴 벽에 손을 대고 그 위에 안료를 입으로 뿜어 벽화에 손자국을 만든 것으로 추정하면서, 만약 그때 입김에 섞여 나온 침이 벽화에 묻었고, 거기에 남아 있는 유전자를 추출할 수 있다면 누가 벽화를 그렸는지 알 수 있을 것이라는 흥미로운 가설을 제시했어요.

동굴벽화에 담긴 보존 기술

＊

현재까지 발견된 동굴벽화들의 눈에 띄는 중요한 특징 중 하나는 수만 년의 세월이 지났음에도 그림에 사용된 색소가 매우 풍부하게 남아 있다는 점이에요. 당시에는 지금과 같은 미술도구가 없었음에도 어떻게 다양한 색깔을 선명하게 표현할 수 있었고, 그것이 보존될 수 있었을까요?

구석기 시대 인류는 모든 것을 자연에서 얻고 이용해야 했기 때문에 벽화에 사용한 색소 역시 자연에서 얻었어요. 발견된 동굴벽화들을 분석한 결과에 따르면 뾰족한 돌이나 나무를 이용해서 그림을 그리고, 자연물 중에서 색깔이 있는 흙, 돌 등의 광물성 염료를 다양하게 이용해서 색을 표현했다고 해요. 예를 들어 붉은색과 노란색은 진흙이나 황토, 산화철, 적철석, 수산화철 등을 섞어서 표현했고, 망간 산화물로 푸른색, 목탄이나 망간 등을 이용해서 검은색을 표현했어요. 동물의 뼈나 식물을 태워 색소를 얻기도 했고요. 또한 얻어 낸 색소를 곱게 갈아 물에 섞고, 불로 가열해서 동굴 벽에 색소가 잘 착색될 수 있도록 하고, 털이나

이끼로 만든 붓으로 색깔을 칠하거나 만든 안료를 입에 물었다가 직접 또는 빨대 형태의 뼈를 이용해서 내뿜으며 그림을 그리기도 하는 등 재료와 기법을 다양하게 사용했다니 놀랍지요.

　발견된 벽화와 동굴을 비교해 보면 우선 동굴이 산사태 등으로 붕괴되어 입구가 막히고, 외부와 차단된 상태로 오랜 세월 유지되어 기후나 온도, 습도 등 환경 변화로부터 안전할 수 있었습니다. 이것은 동굴 관람 개방 이후 벽화에 결정이나 반점 등이 생기는 등 손상이 급격하게 나타난 것을 보면 알 수 있지요. 그래서 현재는 동굴을 복제하여 관람을 위한 장소를 따로 만들고, 기존의 동굴 자체로 들어가 관람하는 것을 엄격하게 제한하고 있다고 해요.

2

진화와 역사의
발자취

우리나라 중생대 파충류 #화석,
원시악어

경남 사천에서 발견된 파충류 발자국 화석이
사실 이족보행 원시악어의 것이었다는 사실이 밝혀지며,
고생물학계에 큰 파장을 일으켰습니다.
이를 통해 중생대에는 공룡뿐 아니라 거대한 파충류들도
폭넓게 진화했다는 점이 다시금 확인되었지요.

우리나라 경상남도 사천시 서포면 자혜리에서 수백 개의 파충류 발자국 화석이 발견됐어요. 화석을 처음 발견한 진주교대 연구팀은 이 화석을 중생대에 살았던 익룡의 것으로 생각하고 연구를 계속했지요. 그런데 연구를 진행할수록 익룡보다는 악어의 발자국과 비슷한 점이 계속 발견되었고, 후속 연구를 끊임없이 진행한 결과 기존에 발견된 적 없는 엄청난 화석이라는 것을 알게 되었어요. 그리하여 2020년 세계적인 학술지인《사이언티픽 리포트》에 이 연구가 발표되었습니다. 익룡과 악어의 발자국은 어떤 점이 달라서 화석으로 구분할 수 있었을까요? 우리에게 대표 화석으로 잘 알려진 공룡과는 어떤 것이 다를까요?

공룡의 천국이었던 우리나라

❋

화석은 보통 과거 지구에 살았던 생명체의 신체나 생활했던 흔적이 지질에 남아 보존되었다가 오랜 시간이 지난 후에 발견되는 것입니다. 과거의 모든 생물이나 흔적이 화석으로 남는 것은 아니고, 화석이 되기 위한 조건을 갖추어야 화석이 될 수 있지요. 일반적으로 몸에 단단한 부위가 있으면 그 부분이 화석으로 남는 경우가 많고, 그렇지 않더라도 피부나 발자국, 알, 분糞(똥), 나뭇잎 등 다양한 종류의 화석들이 세계 각지에서 발견되어 왔어요. 특히 우리나라는 공룡의 골격, 알, 이빨, 발자국, 피부, 분 화석이 고루 발견되고, 최근에는 공룡 발자국 화석들이 대규모로 발견되어 과거 공룡들이 매우 번성했던 공룡의 천국으로 추측되고 있지요.

공룡은 과거 지질시대 중 중생대에 가장 번성했던 대표적인 파충류예요. 중생대(기원전 약 2억 5100만 년~기원전 약 6550만 년)만 해도 2억 년 가까이 되는 시간이다 보니 지질학적 특성에 따라 중생대는 다시 트라이아스기Triassic Period, 쥐라기Jurassic Period, 백악기Cretaceous Period로 구분합니다. 중생대 직전 시대인 고생대에 살던 양서류로부터 원시 파충류가 나타났고, 원시 파충류 중 일부가 공룡으로 진화한 것으로 알려져 있어요. 공룡은 트라이아스기와 쥐라기에도 나타났지만, 백악기에는 정말 지구상을 지배하고 있었다고 표현할 정도로 번성했었다고 해요. 공룡은 몸통 아래쪽에 다리가 발달해서 종에 따라 두 발로 또는 네발로 보행을 잘할 수 있었다고 합니다. 골반을 구성하는 뼈인 장골, 치골, 좌골의 형태에 따라 새의 골반과 비슷하게 장골이 작고 치골과 좌골이 겹쳐지는 조반목, 도마뱀과 비슷하게 장골이 크고 둥글며 치골이 좌골과 반대로 향하는 용반목으로 나눌 수 있어요. 잘 알려진 공룡 중에서 조반목은 트리케라톱스Triceratops와 스테고사우루스Stegosaurus 등이 있고, 용반목에는 브라키오사우루스Brachiosaurus와 수퍼사우루스Supersaurus 등이 있어요.

현재 우리와 함께 살아가고 있는 조류(새)는 공룡의 후손이라고 해요. 백악기 말에 육상 생물의 75%가 절멸하는 대멸종이 일어났는데, 이때 용반목의 한 갈래가 살아남아 조류로 진화했다고 합니다. 깃털을 가진 공룡 화석이 발견되고, 새의 몸과 발자국과 비슷한 형태를 가진 공룡 화석도 계속 발견되면서 이것을 뒷받침하고 있지요.

해남이크누스 우항그리엔시스

*

 공룡 이외에도 중생대에는 다양한 파충류들이 번성했어요. 당시 공룡과 함께 살았던 익룡과 악어류도 흔히 공룡의 한 종류로 착각하기도 하지만 분류학적으로 공룡과는 달라요. 익룡은 날개가 있어 날아다닐 수 있었던 것이 특징이에요. 익룡의 골격과 이빨, 깃털 화석들이 발견된 바 있는데, 상대적으로 땅에서 이동하는 시간이 적어 발자국 화석은 전 세계적으로 매우 드물었다고 해요. 그런데 1990년 우리나라 전라남도 해남 우항리에서 아시아 최초로 익룡 발자국이 발견되었어요. 게다가 현재까지 발견된 익룡 발자국 중에서 세계에서 가장 큰 화석이라는 것도 놀라운 일이었지요. 이 발자국 화석에는 '해남이크누스 우항그리엔시스*Haenamichnus uhangriensis*'라는 학명이 붙었답니다. 생물 종에 학명을 붙이는 것처럼 화석에도 따로 학명을 붙이거든요.

 원시악어는 과거 화석을 분석한 결과 중생대 초기부터 살았던 것으로 알려져 있어요. 과학자들은 원시악어가 현생 악어처럼 몸집이 매우 크고, 육지와 물속을 오가며 살 수 있었으며 일부는 육식성으로 공룡의 포식자 역할을 했고, 일부는 채식을 하기도 했을 것으로 생각하고 있답니다. 2002년 경상남도 하동에서는 미지의 파충류 머리뼈 화석이 발견되었는데, 그 정체는 이전까지 학계에 알려지지 않았던 새로운 원시악어라는 것이 후속 연구를 통해 밝혀졌지요. 이 화석은 '하동수쿠스 아세르덴티스*Hadongsuchus acerdentis*'라는 이름으로 2005년 정식 발표되었습니다.

두 발로 걷는 거대 원시악어

*

2020년에 발표된 연구에 의하면 경상남도 사천시에서 발견된 것 역시 원시악어 발자국이라고 해요. 연구팀은 발가락과 발톱, 발바닥 구조까지 잘 보존된 수백 개의 파충류 뒷발자국 화석을 보고, 처음에는 익룡의 발자국일 것으로 추측했어요. 앞발자국은 발견되지 않았고, 발가락이 4개인 것으로 보이는 특징이 당시까지 밝혀진 익룡과 유사하다고 생각했거든요. 하지만 이후 분석에서 발바닥의 구조와 발가락의 길이, 발바닥들이 놓인 보

행 흔적 등이 악어의 것과 같다는 사실을 알아냈고, 결정적으로 일부 화석에서 현생 악어의 발바닥 피부 무늬와 일치하는 흔적이 발견되면서 악어의 발자국 화석이라는 것이 확실해졌어요. 기존의 선행 연구 중에 미국에서 두 발로 걸었을 것으로 추정되는 악어 화석이 발견된 적이 있었다는 것도 뒷발자국만 남아 있는 이유를 설명하는 데에 도움이 되었지요. 연구 결과를 종합해 보면 발자국의 주인은 몸길이가 최대 3미터이고, 몸은 수평을 유지한 채 꼬리와 앞발을 들고 뒷발로만 걷는 이족보행 원시악어인 것으로 밝혀졌답니다. 한국과 미국, 호주의 연구진으로 구성된 연구팀은 연구 과정에서 발자국의 주인이 다른 생물일 가능성 또한 심도 깊게 논의하며 검토했지만, 최종적으로는 두 발로 걷는 원시악어가 맞다는 결론에 도달했어요. 그 결과 발자국 화석은 '바트라초푸스 그란디스*Batrachopus grandis*라는 학명을 갖게 되었습니다. 과거에 살았던 생물의 정체와 그 행동 양식을 밝혀내기 위한 과학자들의 지속적인 공동 노력 덕분에 가능한 일이었지요.

자연의 #변화가 갈라놓은 생물, # 지리적 격리

대륙이 분리되고 산맥·협곡이 형성되면
생물 집단이 물리적으로 나뉘면서,
결국 서로 다른 종으로 갈라지는 현상이 나타납니다.
지리적 격리는 생물 다양성을 높이는 핵심 기제가 됩니다.

2020년대 들어, 호주와 미국, 우리나라 등 세계 각지에서 산불이 일어났었습니다. 특히 여섯 달이나 지속됐던 호주의 초대형 산불로 인해 우리나라의 절반에 해당하는 면적이 불타버렸고, 거기에 서식하던 수많은 생물이 큰 피해를 겪었어요. 화재 진압을 위해 많은 인력이 투입되었지만, 불길이 쉽사리 잡히지 않아 전 세계적인 관심과 걱정이 쏠리기도 했습니다. 과거와 달리 초대형 산불의 빈도가 높아진 이유를 기온이 높고 건조한 날이 계속되는 등의 기후변화로 설명하기도 합니다. 이렇게 초대형 자연재해가 발생하면 생태계에는 어떤 일이 일어날까요?

지리적 격리란?

넓은 면적을 가로질러 발생하는 큰 화재, 대륙의 이동으로 분리된 섬, 평지에서 솟아난 산맥, 갑자기 일어나는 대형 홍수나 산사태…. 이런 현상으로 나타나는 공통점은 무엇일까요? 생물학적 관점에서 답을 생각해 보자면 생물들 간의 지리적 격리를 떠올릴 수 있어요. 지리적 격리란 한 종의 생물이 물리적 장벽의 생성이나 생활사적 특징의 차이 등으로 인해 둘 이상의 집단으로 분리되는 일이 발생하는 것을 의미합니다. 생물들이 공간적으로 분리되고 나면 각자가 처한 환경에 적응해서 살아가게 되는데, 이때 각각의 환경에 보다 잘 적응한 개체들이 살아남고 번식하여 여러 세대의 자손을 거치게 되면 처음 분리될 당시의 조상과 달라진 생물학적 특징을 갖게 되기도 하지요. 그러다 보니 긴 세월이 지난 후에는 서로 다른 종으로 분화되어 다시 만나더라도 서로 생식이 불가능한 상황이 되어 있기도 해요. 하나의 조상 종으로부터 둘 이상의 종으로 갈라지는 일이 발생하는 거예요.

지리적 격리로 탄생한 새로운 종

*

 호주는 예전부터 다른 대륙에 살지 않고 호주에만 서식하는 고유한 야생동물들이 많은 것으로 알려져 왔어요. 이것 역시 지리적 격리와 관련됩니다. 흔히 우리가 사는 땅은 단단히 고정되어 있다고 생각하지만, 지구의 내부구조를 생각해 보면 각 대륙은 액체 위에 분리된 판의 형태로 놓여 있어서 가까워지거나 멀어질 수도 있어요. 또한 판끼리 서로 충돌하거나 새로 만들어지는 매우 역동적인 사건들이 계속 일어나게 되지요. 지구의 역사에서 호주는 다른 대륙으로부터 분리되어 고립된 환경을 오랫동안 유지해 왔어요. 분리될 당시의 조상 생물들은 다른 대륙과 같았지만, 이후 오랜 시간이 지나면서 호주 고유의 환경에 적응한 다양한 종으로 진화하게 되었습니다. 2016년 호주 정부에

서 발표한 생물다양성 자료에 따르면 다른 나라에 비해 매우 많은 고유종을 보유하고 있으며, 그 비율은 포유류의 69%, 조류의 46%, 양서류의 94%, 파충류의 93%, 꽃식물의 93%에 이른다고 해요. 대표적으로 알려진 캥거루와 코알라, 오리너구리, 유칼립투스, 쿼카, 에뮤, 웜뱃 등이 이에 해당하지요.

거대한 협곡 또한 생물들을 서로 갈라놓는 대표적인 사례가 됩니다. 미국 애리조나주의 콜로라도 고원은 신생대에 융기한 이후 강의 차별침식에 의해 협곡(그랜드 캐니언)이 형성되어 양쪽으로 나뉘게 되었어요. 원래 고원에서 함께 살던 생물들은 협곡으로 인해 격리되었고, 환경 변화에 적응하면서 다른 종으로 분화되었습니다. 협곡의 남쪽에 사는 흰꼬리영양다람쥐*Ammospermophilus leucurus*와 북쪽에 사는 해리스영양다람쥐 *Ammospermophilus harrisii*는 본래 공통조상에서 비롯되었고, 이

해리스영양다람쥐   흰꼬리영양다람쥐

와 유사하게 애버트청서*Sciurus aberti*와 카이밥다람쥐*Sciurus aberti kaibabensis* 또한 같은 조상으로부터 분화되어 현재는 다른 종이 되었다고 해요. 협곡 근처 22군데에서 채집한 애버트청서 95마리의 미토콘드리아 DNA를 비교 분석한 1997년의 연구를 통해 지리적 격리 이후에도 식생과 환경 변화에 따른 적응과 생물의 이동 때문에 생물의 유전적 변화가 계속 일어난다는 것을 확인할 수 있어요. 즉 더 오랜 시간이 지나면 더욱 다양한 종으로 분화될 가능성을 뒷받침하지요.

대륙으로부터 분리된 섬에서도 지리적 격리의 다양한 사례들을 찾을 수 있어요. 특히 여러 개의 섬으로 이루어진 갈라파고스 군도와 하와이군도 같은 지역은 지리적 격리 이후 각 섬마다 다르게 진화한 생물들의 다양성이 매우 높은 것으로 알려져 있습니다. 다윈 진화론의 대표적 사례로 이야기되는 갈라파고스 핀

치는 본래 한 종의 공통조상에서 비롯되었지만, 각 섬의 식생과 먹이, 기후 등의 환경 조건에 따라 부리의 크기와 모양이 현저하게 다르게 진화되었어요. 다윈의 발견 이후 미국 프린스턴대의 로즈메리Rosemary Grant와 피터 그랜트Peter Grant 박사 연구팀이 실제 갈라파고스에 머무르며 핀치를 직접 관찰하고 40년 이상 연구한 결과 종분화가 실제로 일어남을 2017년 《사이언스》에 발표하기도 했지요.

 근처 대륙에서 가까운 섬으로 우연히 날아가 정착한 핀치는 이후 다른 종으로 갈라지기도 하고, 달라진 종이 또 다른 섬으로 건너가 또 다시 분화되는 일이 반복되기도 합니다. 2011년 영국과 미국의 연구팀은 하와이벌새Hawaiian Honeycreeper의 계통을 연구하여 하와이군도에 사는 10종 이상의 벌새들이 아시아에서 건너왔을 것으로 생각되는 유라시아로즈핀치Carpodacus erythrinus로부터 분화된 것이라는 결과를 《커런트 바이올로지》에 발표하기도 하였습니다.

새로운 종이 나타나는 유전적 비밀

*

 2019년에는 국내연구팀에 의해 지리적 격리에 의한 생물의 유전적 변화가 국제학술지에 보고되기도 했어요. 연구팀은 같은 종이지만 하와이와 영국에 서식 중인 예쁜꼬마선충 *Caenorhabditis elegans*의 유전체를 비교 분석했어요. 예쁜꼬마선충은 전체 몸길이가 약 1밀리미터 내외의 생물로, 주로 흙속에서 생활합니다. 한 세대가 섭씨 25도에서 약 3일로 매우 짧고, 1,000개 내외의 세포를 가지고 있는 간단한 구조 때문에 생물학 연구에 널리 이용되고 있어요. 연구팀은 하와이에서 채집한 선충의 유전체를 분석하고 이를 영국에서 서식하는 선충의 유전체와 비교했어요. 그 결과 같은 종임에도 불구하고 전체의 15%에 해당하는 약 3,000개의 유전자에 차이가 있음이 밝혀졌어요. 특히 염색체 복제 과정에서 손상이 빈번하게 일어나는 말단부분을 자체 수리하게 되는데, 이때 DNA 서열이 복제되어 통째로 추가되는 변이가 계속 일어나 결과적으로 진화가 매우 빠르게 일어나고, 새로운 유전자가 생겨나기도 한다는 것을 알아냈지요. 이러한 유전적 차이가 오랫동안 누적되면 새로운 종으로 분화될 가능성이 더욱 높아질 수 있어요.

지리적 격리는 대규모의 자연 변화 때문에 발생할 것만 같지만 사실 사람에 의해서도 일어날 수 있어요. 높은 산을 깎거나 댐을 건설하는 등의 활동 결과로 지형의 변화가 생겨나면 필연적으로 생태계의 변화가 일어나게 됩니다. 사람뿐만 아니라 다른 생물의 활동에 의해서도 마찬가지이고요. 변화가 일어난 자연환경은 그곳에 서식하는 생물들에게 다시 영향을 되먹임하게 됩니다. 그러면 생물들은 다시 변화된 환경에 적응하고 살아가야 해요. 이 모든 과정이 바로 생명의 역사가 됩니다. 지구상에 최초의 생명체가 등장한 이후 약 38억 년 동안 우리는 이 과정을 겪어왔어요. 자연에 큰 변화가 일어나면 기존 생태계의 파괴가 일어나기도 하지만 중요한 것은 그 후 회복과 적응 과정입니다. 지리적 격리가 일어났다고 해서 항상 새로운 종이 등장하는 것은 아니에요. 환경이 오염되거나 급격하게 파괴되면 기존 종은 물론 새로운 종도 살아갈 수 없습니다. 생물이 잘 적응하기 위해서는 건강한 생태계가 회복될 수 있게 해야 한다는 것을 잊지 마세요.

#문명이 빚은 진화, 품종개량

인류는 오랜 세월 야생 식물을 교배하고 개량하여
식량 자원으로 이용해 왔습니다.
그런데 기후변화로 작물 재배 환경이 변하면서
더 생산성이 높은 품종을 개발하려는 연구가 계속되고 있습니다.

전국 각 지역에서 재배되는 특산물들에 변화가 있다고 해요. 통계청이 발표한 농림어업총조사 비교 자료에 따르면 1970년대와 2020년대의 국내 농작물 재배 지도에 큰 변화가 있었어요. 사과, 복숭아, 감귤 등의 재배지가 점점 북쪽으로 올라가 지금은 강원도에서도 사과와 복숭아가 재배되고, 과거 제주도에서 주로 재배되던 감귤은 육지에서도 재배되고 있습니다. 또한 전라남도 해남에서는 파인애플, 애플망고, 바나나 등의 아열대 작물들이 재배되고 있어요. 이런 현상은 과일뿐만 아니라 옥수수와 쌀 등 주요 식량 작물에서도 나타나고 있습니다.

기후변화와 식량 문제

✱

미국 항공우주국에서는 슈퍼컴퓨터로 작물을 가상 재배하는 시뮬레이션을 이용해서 기후변화가 지난 10년간 전 세계의 주요 식량작물에 어떤 영향을 주었는지 분석하고, 그 결과를 2021년 과학 저널《네이처 푸드Nature Food》에 발표했어요. 연구팀은 접합대순환모델 비교프로젝트6CMIP6에 따른 다섯 가지 모델에 따라 기후변화 관련 시나리오를 설정하고, 각 시나리오에 따른 작물 생산량 변동을 비교했습니다. 다섯 가지 중 인류가 기후변화를 억제하는 최상의 시나리오에서는 10년 후 옥수수 수확량이 과거보다 6% 감소하지만, 기후변화를 방치하는 최악의 시나리오에 따르면 24% 감소할 것이라고 해요. 식물들이 잘 자라고 우리가 많은 수확을 거두기 위해서는 적당한 환경 조건이 유지되어야 합니다. 그런데 지구온난화에 따른 기온 상승, 강우 양상의 변화, 대기 중 이산화탄소 농도의 증가 등으로 환경 조건에 큰 변화가 일어나면 전 지구적으로 식물의 생육에 영향을 미치게 됩니다. 결과적으로 그 식물을 에너지원으로 하여 살아가는 동물과 인류의 식량문제로 이어질 수 있다는 것이지요. 이러한 문제에 대비하기 위해서는 기후변화를 억제하기 위한 다양한 노력을 하는 것이 필요하고, 한편으로는 환경 조건의 변화에도 잘 살아남을 수 있는 작물을 개발하기 위한 연구도 필요합니다.

품종개량과 옥수수

*

  작물이나 가축의 수확량이나 생산성을 향상시키고, 품질을 개선하기 위해 생물의 특성을 유전적으로 개량하거나 새로운 품종을 만들어 내는 것을 품종개량이라고 해요. 단위면적당 생산량이 높고, 다양한 쓰임새가 있어 현재 전 세계에서 가장 많이 생산되는 곡물인 옥수수는 품종개량의 대표적인 사례입니다. 옥수수는 밀, 쌀과 함께 인류 곡물소비량의 약 75%를 차지할 정도로 중요한 식량자원이에요. 인류가 언제부터 어떻게 옥수수를 식량으로 이용하게 되었는지에 대해 가장 유력한 것은 원래 아메리카 야생에서 자라던 조상 종인 테오신트^{teosinte}가 약 9,000여 년 전에 원주민들에 의해 작물화되었고, 이후 아메리카 대륙에 도착한 유럽인들이 유럽으로 이를 전파했다는 설명이에요. 우리나라에는 16~17세기 조선시대에 중국을 거쳐 들어왔다는 주장이 유력합니다. 현재의 옥수수가 옥수수자루 주변에 크고 둥근 수백 개의 낟알이 촘촘하게 박혀 있는 모습인 것과 달리 야생종인 테오신트는 훨씬 볼품없이 작은 낟알이 10~12개 정도 달려 있는 모습이었어요. 작고 딱딱한 열매들이 마치 가느다란 이삭처럼 달린 키 작은 풀에 가까웠던 초기 테오신트는 이후 수많은 교배를 거쳐 보다 크고 부드러운 낟알들이 늘어선 형태로 점점 변화하였고, 중간 형태를 거쳐 키가 2~3미터에 달하는 현재의 옥수수에 이르렀습니다.

하지만 테오신트와 옥수수의 너무나도 다른 모습 때문에 둘이 같은 종이라는 주장은 오랫동안 받아들여지지 않았어요. 특정 화학반응을 조절하는 유전자 기능 연구로 1958년 노벨생리의학상을 수상한 생물학자인 조지 비들George W. Beadle은 대학원생이었던 1930년대에 테오신트와 옥수수의 교배로 생겨난 잡종 개체 중에서, 두 종의 조상이 서로 같은 종이어야지만 존재가 성립 가능한 잡종을 발견하고 이를 근거로 테오신트와 옥수수가 같은 종이라고 주장했지만, 당시에는 받아들여지지 않았어요. 하지만 비들은 이에 포기하지 않고, 만 65세로 미국 시카고대학 총장에서 은퇴한 1968년 테오신트와 옥수수의 관계에 대한 연구를 다시 시작했습니다. 비들은 테오신트와 옥수수를 교배하여 얻은 잡종 후손 세대 5만 개체의 형질을 분석하여 약 500분의 1의 빈도로 옥수수나 테오신트와 유사한 개체가 나타나는 것을 확인했고, 이를 계기로 비들의 가설은 다시 주목받기 시작하여 후속 연구자들의 분자생물학적 연구를 통해 마침내 인정받게 되었지요.

  미국 위스콘신-메디슨대학교 연구팀은 2015년 테오신트 유전체 중 하나의 뉴클레오타이드의 변화로 인해 테오신트의 단단한 외피가 상대적으로 부드러워지고, 섭취 가능하게 낟알이 노출된 형태로 변화했다는 것을 알아냈어요. 연구팀은 수많은 테오신트와 옥수수의 돌연변이를 연구하여 단일 염기의 변화로 다른 단백질이 만들어지고, 이 단백질이 다른 유전자를 작동하게 한다는 것을 찾아냈어요. 그래서 결과적으로 테오신트의 낟알 표면에서는 단단한 껍질이 만들어지고, 옥수수에서는 그 물질이 낟알이 아닌 다른 곳으로 운반되었다고 합니다. 그래서 옥수수는 지금처럼 부드러운 낟알을 갖게 되었지요. 덕분에 전 세계 수십억 인류와 동물의 중요한 식량자원이 되었고요.

품종개량과 바나나

*

　바나나도 옥수수처럼 야생 상태에서는 지금과 굉장히 다른 모습이었다고 해요. 바나나를 먹을 때 씨를 본 적이 있나요? 바나나도 열매이기 때문에 내부에 씨를 가지고 있지만, 바나나를 먹을 때 씨 때문에 불편함을 느껴본 사람은 거의 없을 거예요. 우리가 주로 먹는 바나나는 육안으로 관찰하기 어려울 정도로 작은 씨를 가지고 있어서 씨가 있는 줄도 모르고 먹는 경우가 많지요. 하지만 야생 바나나를 잘라보면 단단하고 큰 씨가 먹기 힘들 정도로 가득 들어 있다고 해요.

　바나나는 기원전 약 7000~5000년 무렵부터 말레이반도에서 재배되기 시작한 인류 최초의 작물로 추정되는데, 이후 각지로 전파되어 지금은 전 세계에서 가장 많이 재배되는 과일 중의 하나라고 해요. 재배 초기의 바나나는 크고 많은 씨 때문에 열매를 먹지 못했고, 주로 뿌리를 캐 먹기 위한 용도로 경작됐었는데, 수많은 돌연변이 중 씨가 거의 없는 돌연변이가 나타나면서 그것을 이용한 품종개량이 이루어져 현재 우리가 과일로 먹을 수 있게 되었다고 해요.

품종개량과 인류

*

　과거는 물론 현재에도 인류는 다양한 식물을 보다 개선된 식량으로 이용하기 위해 품종개량 연구를 끊임없이 진행하고 있어요. 과거에 품종개량을 하여 잘 이용하고 있는 식물들도 거기에서 연구를 멈추는 것이 아니라 계속 변화하고 있는 자연 환경에 더욱 잘 적응할 수 있는 품종으로 개량하기 위해 지속적인 노력을 하고 있습니다. 2018년 우리나라 국립식량과학원에서는 우리나라의 습한 환경에 강한 옥수수 품종을 만들어 내기 위해 테오신트와 옥수수 유전체를 분석하는 기초연구를 발표하고, 후속 연구를 진행 중에 있으며 변화하는 우리나라 환경에 적합하고 개선된 품질을 가진 식량자원을 만들어 내기 위한 품종개량 연구를 지속적으로 하고 있습니다. 그 밖에도 쌀, 수박, 토마토, 복숭아, 포도, 사과 등 수많은 생물자원들을 대상으로 보다 병충해에 강하고 맛이 좋은 품종을 개발하기 위한 연구가 계속되고 있어요.

당근

　당근하면 주황색이 떠오르지만, 사실 야생 당근의 모습은 지금과 매우 달랐어요. 나무뿌리처럼 가느다랗고 여러 갈래로 갈라진 형태였고, 색깔은 하얀색에 가까운 옅은 색이었다고 해요.

맛도 지금보다 쓴맛이 강했다고 합니다. 10세기 무렵 아시아 대륙의 서쪽 끝 소아시아 지역에서 처음 재배되기 시작할 때에는 하얀색 또는 자주색 당근이 주를 이루었지만, 이후 수차례의 품종개량 끝에 지금처럼 단맛을 가진 굵은 주황색 당근의 모습을 갖추게 되었어요.

가지

가지의 영어 명칭은 에그플랜트eggplant에요. 하지만 현재 가지의 모습을 보며 동물의 알과 같이 작고 동그란 모습을 연상하기는 어렵죠. 가지에 그런 이름이 붙은 이유는 야생 가지의 모습 때문이에요. 야생 가지는 지금의 모습과는 달리 작은 새의 알이나 방울토마토처럼 작고 동그란 형태였다고 해요. 심지어 독성 성분과 뾰족한 가시를 가지고 있었다고 하니 지금과는 많이 달랐죠. 현재의 가지는 생장 과정에서 독소와 가시가 점점 사라지고, 굵고 길쭉한 형태로 자라도록 품종개량 되었어요.

수박

여름의 대표적인 과일인 수박도 야생 상태의 모습은 지금 우리가 먹는 모습과 달랐어요. 과거의 수박은 내부 과육에 하얗고 단단한 부분이 지금보다 훨씬 많고, 씨가 많으며 수분이 적어 그 자체로 먹기보다는 와인 등에 담가서 먹었다고 해요. 이후 씨를 많이 줄이고, 당도와 수분함량을 높이고, 항산화 물질인 라이코펜Lycopene 함량도 높이는 방향으로 여러 차례 품종 개량되었어요. 최근에는 작은 크기의 애플 수박이나 겉껍질이 어두운 색깔이고 노란 과육을 가진 블랙망고수박 등 다양한 모습의 품종개량 수박들이 판매되고 있습니다.

#육종으로 이룬 배추의 무한 변신,
우장춘의 삼각형

유채는 배추와 양배추의 교배를 통해
새로운 종이 나타난 대표적 사례로,
우장춘의 삼각형 이론을 통해 입증되었습니다.
이로써 배추속 식물이 지닌 가능성과 품종개량의
무궁무진함을 다시금 확인하게 되었지요.

해마다 지역별, 시기별로 다양한 꽃 축제가 이어집니다. 특히 봄철에 샛노란 유채꽃이 가득 피면 어김없이 유채꽃 축제가 벌어지지요. 활짝 핀 유채꽃이 모여 있는 모습은 마치 노란 바다처럼 느껴지기도 합니다. 이렇게 노란 물결로 사람들을 유혹하는 유채는 사실 과학적으로도 중요한 식물이랍니다.

유채는 어떤 식물일까?

*

유채는 분류학상으로 십자화과 Brassicaceae에 속하는 두해살이풀이에요. 일반적으로 파종 후 단기간에 수확할 수 있는데 9월에 씨를 뿌리면 어린잎과 줄기가 자라나 10월 중순에는 잎을 수확하여 나물이나 쌈채소로 먹기도 하고, 김치를 담그기도 해요. 겨울에는 뿌리와 생장점 부분만을 남겨 추위를 나고, 봄이 되면 새로운 잎과 꽃대가 올라와 4월 무렵 노란 꽃이 만발하게 됩니다. 꽃이 지면서 열매를 맺고 나면 줄기가 말라가는데, 이때쯤 줄기를 베어두었다가 털어서 씨를 모아요.

유채라는 이름의 한자어에서 '유油'는 기름을 뜻하고, '채菜'는 나물을 뜻해요. 이름처럼 유채는 기름을 만들기 위한 용도로 주로 재배됐어요. 유채의 씨는 기름함유량이 30~50%에 달해 씨를 모아두었다가 압착하면 해바라기나 콩과 같은 다른 식물들보다 많은 기름을 얻을 수 있습니다. 어마어마한 생산량 덕분에 대량으로 재배해서 많은 기름을 얻을 수 있었지만, 유채에서 얻은 기름에는 심장병이나 동맥경화를 일으키는 에루신산 Erucic Acid이 들어 있어 옛날에는 식용으로 쓰지 못하고, 금속을 다룰 때 마찰을 줄이기 위한 윤활유로 사용하거나 비행기나 자동차, 호롱불 등의 연료로 사용해야 했지요. 그런데 1970년대 캐나다의 과학자들이 에루신산이 적게 포함된 카놀라 품종을 개발하면서부터 먹을 수 있는 유채기름인 카놀라유Canola Oil가 탄생하게 되었답니다. 이렇게 씨는 기름을 짜서 다양한 용도로 이용할 수 있고, 잎과 꽃은 식용으로 사용할 수 있을 뿐 아니라 아름답기까지 해서 전국 각지에 유채꽃밭이 조성되었어요.

유채는 배추일까?: 우장춘 박사의 '우의 삼각형'

＊

우리나라의 대표적인 농학자이자 식물학자인 우장춘 박사가 세계적으로 이름을 알리게 된 것도 바로 유채에 관한 연구 덕분이었어요. 우장춘 박사는 1935년 십자화과 배추속 식물들을 이용한 실험으로 종의 합성Species Hybridization에 관한 연구를 발표합니다. 십자화과에 속하는 식물은 꽃잎과 꽃받침이 모두 네 장이고, 십자모양으로 배열된 것이 특징이에요. 유채를 비롯한 배추와 양배추, 겨자, 브로콜리, 냉이, 케일 등 다양한 식물들이 십자화과에 해당하지요.

식물이 가진 고유의 유전정보는 DNA의 형태로 세포 내에 존

재하고 있다가 세포분열 시기에는 각 생물종마다 고유한 개수의 염색체로 뭉치게 됩니다. 예를 들면 배추의 염색체 수는 10개(n=10)이고, 양배추의 염색체 수는 9개(n=9)예요. 같은 종이면 염색체 수가 같지만, 염색체 수가 같다고 같은 종은 아니예요. 무와 갓은 서로 다른 종이지만, 염색체 수는 18개(n=18)로 같아요. 또 염색체 수가 많다고 더 복잡하거나 더 진화한 종은 아니에요. 사람의 염색체는 46개(n=46)이지만, 감자의 염색체는 48(n=48)개인 것을 보아도 알 수 있지요.

 우장춘 박사는 배추와 양배추를 교배하면 나타나는 자손이 유채(n=19)와 같다는 것을 실험적으로 증명했어요. 즉 자연상태에서 서로 다른 두 종의 식물의 교배가 일어나면 새로운 종이 합성될 수 있다는 것을 보여준 것이었지요. 당시 받아들여지고 있었던 다윈의 진화론에 따르면 같은 종끼리만 교배할 수 있고, 자손들 자연선택을 거치며 분화되는 방식으로 새로운 종이 생겨난다고 알려져 있었거든요. 하지만 우장춘 박사가 '다른 종이지만 같은 속 내에서 교배할 수 있고, 새로운 종이 만들어질 수도 있다'는 것을 밝혀냈으니 굉장한 발견이었지요. 이후에는 배추속의 또다른 식물인 흑겨자(n=8)를 양배추와 교배하여 에디

오피아겨자(n = 17)을 만들어 내고, 배추와 교배하여 갓(n = 18)을 만드는 실험도 성공하면서 총 여섯 종의 배추속 식물 간의 관계를 도식화한 '우의 삼각형 U's Triangle'을 완성하게 됩니다. 이러한 연구 업적은 현대의 육종기술이 발전하는 데 크게 이바지했고, 지금도 전 세계 모든 육종 관련 전공서에 수록되었습니다.

분자생물학이 검증한 우장춘의 연구

＊

2018년에는 국내 연구진이 《사이언티픽 리포트》에 우장춘 박사의 연구를 새롭게 증명하는 연구를 발표했습니다. 연구팀은 우장춘 박사가 연구했던 여섯 종의 배추속 식물에 무까지 총 7종의 식물을 대상으로 이들의 엽록체와 리보솜 유전자 서열을 비교 분석해서 각 종들이 진화 중에 분화와 합성 과정을 겪으며 현재에 이르렀다는 것을 밝혀내고, 종간 합성에 의한 새로운 종의 출현이 가능함을 유전체 차원에서 증명했습니다. 연구 결과에 따르면 유채는 약 1만 년 전 배추와 양배추의 자연교배 결과로 나타났다고 해요.

2019년에는 십자화과 식물의 진화에 관한 또 다른 재미있는 연구가 《미국국립과학원회보》에 발표됐어요. 미국 테네시대학교 연구팀은 세계 32개국에 서식하는 배추흰나비 표본 3,000점의 유전적 조성을 분석하여 배추흰나비가 처음 나타난 기원지인 지중해 동부 지역에서부터 전 세계로 퍼져나간 경로를 진화적으로 추적했어요. 그 결과 배추흰나비는 800년 무렵 아시아와 유럽으로 퍼졌고, 이후 러시아, 아프리카와 미국, 호주까지 퍼져서 현재는 남극과 남아메리카를 뺀 나머지 모든 대륙에 살게 되었다고 해요. 그런데 연구팀은 인류가 십자화과 식물을 재배하면서 이동한 경로와 이 경로가 일치한다는 것을 알게 되었어요. 십자화과 식물은 배추흰나비의 애벌레인 배추벌레의 주요 먹이이기 때문에, 십자화과 식물이 퍼져나감에 따라 배추흰나비도 따라서 같이 퍼져나가게 된 것이었지요.

3

식물과 동물이 건네는 이야기

#기후변화 때문에 배탈 난 루돌프,
순록

순록은 혹독한 추위에 적응해서
빨간 코와 긴 털 같은 독특한 생김새를 갖고 있습니다.
최근에는 기후변화로 먹이가 부족해지면서
식습관도 바꿔야만 하는 위기에 처했습니다.

"루돌프 사슴코는 매우 반짝이는 코 만일 네가 봤다면 불붙는다 했겠지―" 해마다 이 무렵 많이 들을 수 있는 대표적인 크리스마스 캐럴 〈루돌프 사슴코〉의 노래는 이렇게 시작합니다. 그런데 이 노래 가사에는 실제인 것과 그렇지 않은 내용이 담겨 있다고 하는데 어떤 것일까요?

루돌프의 정체는?

*

　루돌프 사슴코의 주인공 루돌프는 사실 흔히 사슴 하면 떠올리는 꽃사슴 종류가 아니라고 해요. 이 노래는 1939년 미국의 조니 마크스 Johnny Marks가 만든 〈Rudolph the Red Nosed Reindeer〉가 원곡인데, 여기에서 Reindeer는 바로 순록입니다. 꽃사슴과 순록은 분류학적으로 모두 포유강 소목 사슴과에 속하지만, 꽃사슴이 몸길이 150센티미터, 몸무게 42~90킬로그램 정도인데 비해 순록은 몸길이 220센티미터, 몸무게는 최대 318킬로그램에 달할 정도로 큰 몸집을 가지고 있지요. 애니메이션 〈겨울왕국 Frozen〉에 나오는 '스벤 Sven'을 떠올리면 되는데요, 종류에 따라 암컷과 수컷 모두 큰 뿔을 가지기도 하고, 수컷만 가지기도 한다고 해요.

　순록은 북극 툰드라 지역이나 산악지역에 주로 서식하는데, 스칸디나비아와 그린란드는 물론 러시아, 몽골, 캐나다, 시베리아 등의 지역에 분포하고 있어요. 먹이를 찾아 1년에 5,000킬로미터를 이동하고, 최대 시속은 80킬로미터나 된다고 해요. 사슴과 동물 중 거의 유일하게 가축화된 동물이기도 해서 순록을 이동 또는 수송 수단으로 이용하거나, 가죽과 고기, 뼈, 뿔, 힘줄 등을 여러 가지 용도로 이용하고 있습니다. 야생 순록은 보통 5~100마리 정도 무리를 지어 생활하고, 계절에 따라 먹이를 찾아 이주하며 생활해요. 추운 지방에 서식하고, 눈 속에서 코를 이용해서 먹이를 찾아야 해서 몸은 물론 코끝까지 전부 보온을 위해 털로 덮여 있어요. 눈이나 얼음 위에서 잘 활동할 수 있도록 넓고 평평한 발굽과 곁굽을 가지고 있고, 발굽 사이에는 긴 털이 있어서 미끄러지지 않도록 돕지요.

빨간 코를 가진 순록

*

네덜란드와 노르웨이 연구팀은 「루돌프의 코가 빨간 이유 Why Rudolph's nose is red: observational study」라는 제목의 연구논문을 발표했어요. 연구 대상은 평균 30세의 남녀지원자 다섯 명과 순록 성체 암수 두 마리였지요. 연구팀은 연구 대상들의 코 내부 혈관을 현미경으로 실시간 촬영하여 시각화하였고, 모세혈관의 밀도와 혈액의 흐름을 비교하여 분석했어요. 그 결과 사람에 비해 순록의 코 점막 내부 모세혈관 밀도가 25% 높다는 것을 알아냈지요. 특히 순록은 몸의 다른 부위에 비해 코의 온도가 매우 높게 나타났어요. 연구 대상들을 러닝머신 위에서 움직이게 한 후 몸의 혈류량과 열 발산을 측정한 열화상 결과에서도 순록의 코는 온도가 높았지요. 비강이라고도 부르는 코 내부 공간은 코에서 끝나는 것이 아니라 얼굴 안쪽 깊숙이 뇌 근처까지 연결되어 있어요. 비강 내부표면에는 모세혈관이 많이 있는 점막과 섬모가 있어 호흡기를 통해 유입되는 바깥 공기의 온도와 습도를 체내 환경과 비슷하게 조절해 주고, 공기 중의 불순물을 걸러서 몸 안으로 들어가게 하는 중요한 역할을 합니다. 따라서 추운 환경에 사는 순록의 코에는 모세혈관에 집중적으로 빽빽하게 분포해서 비강으로 들어온 찬 공기를 빨리 따뜻하게 데워 줄 수 있답니다. 사실, 이 연구는 비강에서 일어나는 미세순환과 코 내부 점막을 분석하기 위한 실험 방법을 개발하는 연구였는데, 덕분에 우리는 순록의 코가 정말로 높은 온도를 가지고 있는 것도 알게 된 셈이지요. 미국 북미항공우주방위사령부 NORAD는 1955년부터 65년째 크리스마스 무렵 인공위성을 이용해서 산타클로스의 위치 정보를 알려주는 서비스를 전화 콜센터(1-877-446-6723)와 홈페이지(www.noradsanta.org)에서 제공하고 있는데, 홈페이지의 안내에 따르면 산타는 깜깜한 밤에 이동하기 때문에 루돌프의 코에서 방출되는 열을 감지해서 산타의 이동 경로를 추적하고 있다고 합니다.

순록과 기후변화

*

순록은 기후변화의 연구에도 중요한 동물입니다. 북극의 툰드라 지역의 순록은 지의류를 먹고 사는 것으로 알려져 있어요. 지의류는 광합성을 하는 조류와 곰팡이 같은 진균류가 공생하는 공생생물로, 척박한 환경에서도 잘 적응하여 생존하기 때문에 순록을 비롯한 많은 북극 동물들의 주된 먹이가 되지요. 그런데 지난 수십 년간 진행된 기후변화로 북극에 내리는 눈이 줄어들고, 비가 많이 내리면서 비가 얼어붙은 두꺼운 얼음에 지의류가 덮이는 일어났어요. 눈에 덮여 있을 때는 코와 입술로 눈 속을 헤집어 지의류를 찾을 수 있었지만, 두꺼운 얼음이 생겨버리면 지의류를 먹기 어려워지지요. 2019년 노르웨이 연구팀은 기후변화로 인한 순록의 먹이 변화에 대한 연구를 미국 생태학회 Ecological Society of America 에서 발행하는 학술지 《에코스피어 Ecosphere》에 발표했어요. 연구팀은 순록 중에서도 북위 79도의 매우 추운 지역에 서식하는 스발바르 순록을 2006년부터 2015년까지 추적 연구하여 기후변화를 겪은 스발바르 순록이 언 땅에서 지의류나 풀을 구하기 어려워지자 3분의 1이나 되는 개체들이 해안가로 이동하는 것을 발견했어요. 순록이 해안가로 이동하는 이유를 알아내기 위해 해안가와 내륙의 순록 배설물을 수집하여 배설물의 탄소와 질소, 황 등의 동위원소 비율을 분석했지요. 그 결과 순록들이 이전에는 섭취하지 않던 해초를 먹기 시작했다는 것을 알아냈습니다. 해당 지역의 기후 데이터와 비교해 본 결과 추위가 심해질수록 해안가로 더 자주 내려가 해초를 먹는다는 것도 확인했지요. 해초와 다시마를 바닷물에 씻어 먹는 순록들이 관찰되기도 했어요. 육지의 식물이나 지의류 등과는 달리 해초에는 염분이 높아서 해초를 많이 섭취하면 설사를 하는 등의 부작용이 있기 때문에 해초만 먹지는 못하지만,
먹이가 부족한 환경에 적응하기 위해 어쩔 수 없는 선택을 하게 된 것이었어요. 지난 수천 년 동안 이어온 순록의 식습관이 기후변화로 인해 달라지게 되었다는 것이 놀라운 결과였지요.

    기후변화는 순록뿐만 아니라 사람에게도 영향을 주게 됩니다. 지난 2014년에는 지구온난화로 녹아내린 캐나다의 영구동토층에서 700년 된 순록 배설물이 발견되었는데, 그 배설물을 분석한 결과 현재까지 알려지지 않았던 바이러스들이 다수 존재하고 있었다고 해요. 또한 2016년에는 시베리아에서 1941년 이전에 사망한 순록의 사체가 기후이상으로 해동되어 사체에서 나온 탄저균이 주변 토양과 물로 흘러 들어가게 되었고, 그로 인해 2,000마리 이상의 순록이 탄저균에 감염된 것은 물론 인근 마을로도 전염되어 12세 소년이 사망하고, 수십 명의 사람들이 격리 입원되는 일이 일어나기도 했습니다.

나무를 보호하는 가을의 #신호, 단풍

초록 잎에서 엽록소가 사라지면
숨겨져 있던 단풍의 마법이 시작됩니다.
기후변화로 단풍 시기가 달라지고 있어
앞으로의 가을 풍경에도 변화가 예상됩니다.

국립수목원은 매년 우리나라 각 지역에 단풍이 절정을 이루는 시기를 예측한 '산림 단풍 예측 지도'를 발표합니다. 발표에 따르면 지리산을 시작으로 전라남도 완도에 이르기까지 시기별로 전국의 산이 언제 알록달록한 단풍이 뒤덮일지 예상할 수 있습니다. 특히 최근에는 우리나라 토종 당단풍나무를 10년 동안 관측한 자료를 인공지능 기법으로 분석한 결과를 토대로 단풍 절정 시기를 예측해서 더욱 주목받았습니다.

단풍은 왜 알록달록 물들까?

✳

　우리 주변의 많은 식물은 녹색 잎과 줄기를 가지고 있어요. 식물이 이렇게 녹색을 띠는 것은 식물 세포 안에 특별한 색소가 들어 있기 때문이지요. 이 색소 덕분에 식물은 동물과 달리 태양의 빛에너지를 흡수하여 이산화탄소와 물로부터 포도당을 만들고, 그 과정에서 산소를 방출할 수 있어요. 이것이 바로 식물의 광합성이고, 광합성을 담당하는 색소가 엽록소입니다. 엽록소는 녹색 빛을 반사해서 우리 눈에 녹색으로 보여요. 하지만 식물의 색소에는 엽록소만 있는 것은 아니에요. 식물이 활발하게 성장하는 여름에는 엽록소가 많아 다 녹색인 것처럼 보이지만, 사실 식물마다 노랗고 주황빛 계열의 색을 내는 카로틴Carotene과 크산토필Xanthophyll, 붉은빛을 띠는 안토시아닌Anthocyanin 등 다른 색깔의 보조색소를 함께 가지고 있답니다. 보조색소 덕분에 식물은 더욱 다양한 파장의 빛을 흡수하여 이용할 수 있어요.

　여름에는 광합성으로 만들어진 포도당과 수분이 식물 줄기와 잎 사이에서 활발하게 이동해요. 특히 잎에 있는 기공을 통해 수분이 외부로 빠져나가는 증산작용 덕분에 식물은 뿌리에서 외부의 물을 빨아들일 수 있지요. 하지만 가을이 되어 기온이 낮아지고 건조해지면 상황은 달라집니다. 식물은 잎과 줄기를 연결하는 부위에 단단한 세포층을 만들어 체내의 수분과 영양분이 외부로 빠져나가지 못하게 막아요. 이렇게 만들어진 단단한 세포층을 '떨켜층'이라고 부릅니다. 떨켜층이 만들어지면 뿌리에서 흡수된 물이 잎으로 갈 수 없고, 잎에서 만들어진 포도당은 뿌리로 보낼 수 없어요. 이 상태가 지속되면 잎 안에 영양분이 쌓여 상대적으로 산성화되고, 수분이 부족해지기 때문에 엽록소의 파괴가 일어난다고 해요. 엽록소는 다른 색소들보다 빨리 분해되기 때문에 엽록소가 분해되면 그동안 엽록소 때문에 제 색을 드러내지 못했던 보조색소들의 색깔이 겉으로 드러나게 됩니다. 노랑, 주황, 빨강 등 우리가 알고 있는 다채로운 색깔로 물들게 되는 것이지요. 노란 단풍은 은행나무와 고로쇠나무, 주황 단풍은 사탕단풍과 모과나무, 빨간 단풍은 당단풍과 공작단풍 등이 대표적입니다.

안토시아닌의 다양한 역할

*

그런데 보조색소 중에서도 붉은색을 내는 안토시아닌은 남다른 특성이 있는 것이 밝혀졌어요. 카로틴과 크산토필이 1년 내내 잎에 존재했다가 드러나는 것과 달리 단풍의 안토시아닌은 늦여름부터 만들어지기 시작합니다. 여러해살이 식물의 경우 겨울을 나기 위한 월동준비에 에너지를 쏟아야 하는 시기임에도 불구하고, 굳이 새로운 색소를 합성하는 수고를 하는 것은 한동안 수수께끼였어요. 하지만 과학자들의 노력으로 수수께끼가 하나씩 풀리게 됩니다. 2003년 미국 몬태나주립대 연구진은 안토시아닌의 생성을 억제당한 잎은 자외선에 의해 손상된다는 것을 발표했어요. 엽록소가 파괴되면 잎이 이용하는 햇빛의 양이 줄어들기 때문에 상대적으로 과도한 빛이 잎에 쏟아지게 되고, 이 과정에서 자외선과 과다 생성된 활성산소가 나무를 손상시킵니다. 그런데 안토시아닌 덕분에 잎이 햇빛에 과다하게 노출되지 않고, 안토시아닌의 항산화 작용이 나무를 보호한다고 해요.

  2005년에는 안토시아닌이 다른 식물들의 생장을 방해한다는 연구 결과가 보고되었어요. 상추씨 위에 여러 가지 색깔의 잎을 뿌리고, 상추씨가 발아하는 정도를 비교한 결과 붉은색 단풍나무의 잎을 얹은 상추씨의 발아율이 가장 낮게 나타났습니다. 연구팀은 떨어진 단풍잎에서 다른 식물의 생장을 막는 성분이 분비되어 땅에 스며들었기 때문에 이러한 현상이 일어났고, 원인이 된 성분이 바로 안토시아닌인 것으로 추정했어요. 식물은 동물처럼 이동하거나 이주해서 적이나 다른 종과의 경쟁을 피할 수 없기 때문에 해로운 화학물질을 분비하는 방식으로 주변의 다른 식물의 생장을 방해하는 '타감작용'을 합니다. 안토시아닌이 타감물질로 작용한 것이었지요. 이 결과로 붉은 단풍나무 근처에 다른 식물들이 살지 못하는 현상을 설명할 수 있게 되었어요. 또한 2008년 영국 임페리얼대 연구팀에 따르면 안토시아닌은 해충을 퇴치하는 작용도 한다고 해요. 붉은색 잎과 노란색 잎에 진딧물이 얼마나 모여드는지 비교했는데, 분석 결과 노란잎에 모인 진딧물이 6배가 많았다고 합니다. 연구팀은 이 결과를 일반적으로 야생에서는 붉은색이 독성의 신호로 받아들여지기 때문에 붉은색보다는 노란색 잎에 모여든 것으로 설명했어요.

단풍의 조건
*

안토시아닌은 안토시아니딘Anthocyanidin이라는 기본 화학구조에 당이 붙어 있는 형태이기 때문에 세포에 당이 많을수록 안토시아닌이 더 많이 합성됩니다. 따라서 광합성이 잘 일어나서 포도당이 많이 만들어진 잎일수록 붉은색도 더욱 진하게 나타나요. 정리해 보면 단풍이 진하게 들기 위해서는 우선 기온이 낮아져 떨켜층이 만들어져서 포도당이 잎에 머물러 있어야 합니다. 또한 낮에는 일조량이 많고 건조한 날씨가 지속되어 잎 속의 당 농도가 진해져야 하고요. 따라서 낮과 밤의 일교차가 크고 맑은 가을 날씨가 얼마나 지속되느냐에 따라 단풍의 진하기가 달라지겠지요. 또한 엽록소는 추울수록 더 빨리 사라지기 때문에 상대적으로 고도가 높은 산간지방이나 북쪽에 있는 지역과 같이 먼저 추워지는 곳일수록 단풍이 더 빨리 시작됩니다.

    기후변화로 가을이 오는 시기가 늦춰지거나 미세먼지에 의해 일조량이 줄어드는 등 예기치 못한 환경의 변화가 일어나면 잎에 저장되는 당이 적어지고, 안토시아닌 합성량이 줄어들기 때문에 진한 단풍을 보기 어려워질 수 있어요. 실제로 2018년에 발표된 연구에 따르면 약 12제곱킬로미터 면적의 숲에서 단풍을 18년 동안 관측한 결과 단풍이 드는 시기가 약 5일 늦어졌다고 해요. 또한 2099년까지의 기후변화를 예측하여 모델링해 보았더니 지구온난화가 천천히 진행될 경우 현재보다 약 1주일, 가속화될 경우 약 3주나 늦어지는 결과가 도출되었다고 합니다. 단풍이 늦게 든다는 것은 그만큼 나무의 생장주기

에도 변화가 생긴다는 의미예요. 나무의 변화는 결국 주변의 다른 생물들은 물론 인간과 전체 생태계에도 영향을 주게 되겠지요. 우리가 기후변화에 대해 보다 관심을 기울여야 하는 중요한 이유이기도 합니다.

#유전으로 탄생한 아름다움,
꽃의 색깔

꽃 색깔은 식물이 가진 유전자와
주변 환경이 결합해 나타나는 결과이기에,
유전이나 토양 산도 등 다양한 요인에 좌우됩니다.
여기에 인공 교배나 유전자 조작이 더해지면서
자연의 예술성과 인간의 호기심이 만난
아름다운 결과물을 볼 수 있게 되었습니다.

경기도 고양에서는 1997년 제1회를 시작으로 해마다 고양국제꽃박람회가 열리고 있습니다. 우리나라에서 열리는 가장 큰 규모의 꽃 축제답게 해마다 국내는 물론 세계 각지에서 모인 수많은 꽃들이 아름답게 조화를 이루고 있어 많은 사람들이 방문하고 있어요. 넓은 박람회장에는 형형색색의 꽃들이 저마다의 아름다움으로 사람들의 눈길을 사로잡습니다. 한 송이마다 그 자체로도 아름답지만, 특히 여러 가지 색깔의 꽃을 이용해서 만들어진 작품들을 보노라면 자연에 이렇게 다양한 빛깔이 있음이 놀랍기도 합니다. 다양한 색깔의 꽃들이 존재하기 때문에 마치 색칠놀이를 하듯이 꽃들을 배열해서 커다란 형태를 만들어 낸 작품도 만들 수 있어요. 식물은 같은 종이라도 다른 색깔의 꽃을 피우기도 하는데요, 어떻게 이런 일이 일어날 수 있을까요?

꽃 색깔의 유전

❋

생물체는 고유한 유전자를 가지고 있는데, 생물체가 가지고 있는 유전자의 영향을 받아 갖게 된 모든 특성을 형질이라고 해요. 그리고 이러한 형질이 어버이로부터 자손에게 전달되는 것을 유전이라고 부르지요. 우리가 부모님의 유전형질을 물려받아 닮은 것처럼 식물의 꽃 색깔도 어버이의 형질을 물려받아 나타나게 된답니다.

1800년대 중반 오스트리아의 그레고어 멘델Gregor Mendel은 완두를 이용한 연구에서 유전이 무작위로 일어나는 것이 아니라 일정한 규칙대로 일어난다는 것을 발견했어요. 유전적으로 순종인 보라색 완두꽃끼리 교배하면 자손은 모두 보라색 꽃을 피우고, 순종인 흰색 완두꽃끼리 교배하면 자손은 모두 흰색 꽃

을 피워요. 그런데 순종의 보라색 꽃과 흰색 완두꽃을 교배하였더니 첫 번째 자손세대에는 모두 보라색 완두꽃이 피었고, 이것을 다시 교배시켰더니 두 번째 자손세대에서는 보라색과 흰색 꽃이 3:1의 비율로 피어났어요. 이것은 부모 각각에서 한 쌍으로 존재하던 유전자가 서로 분리되어 생식세포로 들어가고, 자손에서 다시 조합되기 때문에 나타나는 현상이라는 것을 후대의 과학자들이 밝혀냈지요.

1903년 독일의 식물학자였던 카를 코렌스 Carl Correns는 멘델의 법칙이 분꽃의 색깔에도 적용되는지 실험해 보다가 새로운 현상을 발견하게 됩니다. 멘델의 법칙에 따르면 순종의 붉은색 분꽃과 순종의 흰색 분꽃을 교배한 경우 모두 붉은색 또는 모두 흰색의 자손만 나타나야 하는데 온통 분홍색 꽃만 피어났어요. 그리고 이 분홍색 분꽃끼리 다시 교배하였더니 붉은색과 분홍색, 흰색의 분꽃이 각각 1:2:1의 비율로 나타났지요. 코렌스는 분꽃이 완두와는 달리 꽃 색깔을 결정하는 유전자 간에 우성과 열성관계가 뚜렷하지 않아서 두 유전자를 모두 갖는 잡종인 경우 분홍색 꽃이 핀다는 것을 알아냈어요. 그리고 이러한 현상을 불완전우성Incomplete Dominance이라고 부르게 되었습니다. 이후 다양한 식물들에서 꽃 색깔의 유전이 어떻게 일어나는지에 대한 연구들이 계속 이루어졌어요. 그래서 유전 원리를 이용해서 어떤 색의 꽃들을 교배하면 어떤 색깔의 꽃을 얻을 수 있다는 것을 예측할 수 있게 되었답니다.

환경조건이 결정하는 꽃 색깔

❋

꽃이 색깔을 나타내는 것은 색소 물질을 가지고 있기 때문이에요. 꽃 색소의 대표적인 종류에는 플라보노이드계Flavonoids 색소와 카로티노이드Carotenoids 색소가 있어요. 플라보노이드계 색소는 다시 플라본Flavone과 안토시아닌계Anthocyanin 색소로 나눌 수 있는데, 플라본은 주로 크림색과 노란색 계열의 색깔을 나타내고, 안토시아닌계 색소는 빨강, 보라, 파랑 등의 색깔을 나타나게 하지요. 카로티노이드는 노란색과 주황색 계열의 색을 나타내고요. 어떤 색소에 관련된 유전자를 가지고 있느냐에 따라 꽃 색깔이 달라집니다.

그런데 유전자뿐만 아니라 식물이 자라고 있는 주변 환경에 따라서도 꽃 색깔이 달라지기도 해요. 이것을 잘 보여주는 대표적인 식물이 수국이에요. 수국은 처음 꽃봉오리가 나타날 때는 하얀색이지만, 토양의 산성도에 따라 여러 가지 색깔을 나타내는 것이 관찰되었어요. 수국에 들어있는 안토시아닌은 알루미늄 이온과 결합하면 파란색을 나타내고, 결합이 어려운 경우에는 붉은색을 나타내요. 산성 토양의 경우 알루미늄 이온이 잘 흡수되어 수국의 안토시아닌과 잘 결합할 수 있어요. 그래서 파란색 수국이 핍니다. 하지만 푸른색 수국이 피고, 알루미늄이 수국에 흡수되기 어려운 염기성 토양에서는 붉은색 수국이 피는 것이지요. 결국 꽃이 어떤 색으로 피어날지 알려면 식물이 가진 유전자와 자라는 환경 조건을 모두 알아야 합니다.

인간의 기술로 만들어내는 꽃 색깔

*

과학자들은 다양한 식물들을 교배하거나 유전자를 조작하는 실험을 통해 원하는 모양과 색깔을 가진 꽃을 얻을 수 있는 방법을 연구해 오고 있어요. 이를 통해 우리는 보다 많은 꽃잎을 가지거나 선명한 색깔을 가진 장미, 국화, 카네이션 등을 얻기도 하고, 우리나라의 아름다운 자생식물을 육종해서 해외에 수출하기도 하지요. 예를 들어 경기도농업기술원이 출원한 '딥퍼플 Deep Purple'은 연분홍과 진분홍색의 투톤으로 이루어져 화려하면서도 가시가 없는 것이 특징인 장미예요. 국내에서 개발한 장미로는 최초로 해외에 수출하기 시작해서 지금은 남미 등 19개국에 436만 주가 판매되었지요.

2004년에는 일본과 호주의 회사가 푸른빛 장미를 만들어 내서 화제가 되기도 했어요. 장미에는 본래 푸른색을 나타내는 색소가 없어서 파란 장미를 만드는 것은 불가능하다고 여겨졌었지만, 유전공학 기술을 이용하여 정상의 장미에서 붉은 색소에 관여하는 유전자의 발현을 차단하고, 여기에 팬지꽃에서 얻은 푸른색 색소 유전자와 아이리스에서 뽑아낸 푸른색 색소 발현 유전자를 넣어서 파란 장미를 만드는 데 성공했습니다. 2017년에는 일본의 연구진이 더욱 순수한 파란색의 국화를 만드는 데 성공했어요. 분홍 국화에 초롱꽃과 나비콩에서 추출한 효소 유전자를 넣어주는 방식으로 파란 국화를 만들었지요.

국제꽃박람회에 전시되었던 장미 중에는 한 송이 안에 알록달록 무지개 색깔 꽃잎을 모두 가진 장미도 있어요. 남미 에콰도르에서 온 이 장미는 어떻게 무지개 색을 모두 갖게 되었을까요? 사실 이 무지개 색의 비밀은 염색이랍니다. 하얀 장미에 염료를 이용하여 색깔을 입힌 것이지요. 그래서 이 장미의 색깔은 자손에게 전달될 수 없어요. 하지만 지금도 세계 각지에서는 장미 외에도 다양한 꽃들을 개발하고 상품화하는 연구가 계속 진행되고 있으니 언젠가 생명공학 기술을 이용해 무지개 장미도 만들 수 있지 않을까요?

#여름의 울림,
매미 소리

매미는 진동막과 발음근, 공명실을 이용해
70~90데시벨에 달하는 큰 소리를 만들어서 짝을 부릅니다.
도시 열섬 현상과 야간 조명 탓에 밤까지 들리는 매미 소리에
인간 생활과 매미 생태 변화의 얽힘을 생각하게 됩니다.

맴맴맴맴— 매미 소리가 우렁찬 여름, 비가 연이어 내릴 때는 잠잠하다가 잠시라도 그치면 곧바로 매미 소리가 울려 퍼져요. 여름을 알리는 소리가 반갑기도 하지만 밤낮없이 들리는 소리가 때로는 너무 크게 느껴지기도 해요. 매미는 작은 몸에서 어떻게 크고 우렁찬 소리를 낼 수 있는 것일까요?

매미는 어떤 생물일까?

　매미는 소리를 내는 곤충의 대명사답게 소리에서 이름이 유래되었어요. 맴맴 소리를 낸다고 해서 '맴이'라고 불리다가 매미가 되었다고 하지요. 그런데 매미 소리에 귀 기울여 보면 실제 소리는 맴맴이 아닌 것 같기도 하고, 때로는 소리가 한 종류가 아닌 것처럼 느껴질 때도 있어요. 실제 매미는 종에 따라 내는 소리가 다른데, 맴맴—하고 우는 매미는 참매미라고 해요. 그럼 우리 주변에 서식하는 매미에는 어떤 것들이 있을까요?

　매미는 곤충강 중에서도 노린재목 매밋과Cicadidae에 속해요. 노린재목에 속하는 매미의 친척들로는 노린재는 물론이고, 진딧물과 장구애비, 꽃매미 등이 있어요. 노린재목 곤충들은 긴 빨대 모양의 주둥이로 식물이나 동물의 체액을 빨아 먹으며 사는 것이 특징이지요. 매미도 뾰족하고 긴 주둥이를 나무에 꽂고 수액을 빨아 먹으며 살기 때문에 주로 나무 기둥에 붙어 있어요. 나무와 비슷한 보호색을 띠고 있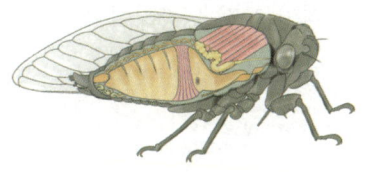는 경우가 많아 주의 깊게 살펴야 찾을 수 있지요. 식물 줄기 안에는 식물 체내의 이곳저곳으로 물이 이동하는 물관과 포도당 같은 영양분이 지나다니는 체관이 있는데, 매미는 보통 체관까지 주둥이를 꽂아 그 안의 당을 섭취한다고 해요.

매미는 전 세계적으로 3,000여 종이 존재하고, 우리나라에는 세모배매미·풀매미·소요산매미·유지매미·쓰름매미·털매미·참매미·애매미·말매미·참깨깨매미·호좀매미·늦털매미·두눈박이좀매미·깽깽매미 등 14종이 서식 중이에요. 암컷 매미가 나무줄기 안에 200~600개 정도의 알을 낳으면 종에 따라 짧게는 6주, 길게는 1년 후에 유충이 깨어납니다. 깨어난 유충은 곧 땅으로 내려와 땅속으로 기어들어 나무뿌리 근처에 자리를 잡고 뿌리에 주둥이를 꽂아 수액을 먹으며 생장하게 됩니다. 그렇게 땅속에서 종에 따라 3~17년에 달하는 시간을 보내고 나면 앞발을 이용해 흙을 파내고 땅 위로 나오고, 다시 높은 곳으로 기어 올라가 자리를 잡고 우화를 준비합니다. 몸이 딱딱해지고 등이 갈라지면서 성충 매미가 유충 껍질 밖으로 나오게 되지요. 우화 직후의 성충은 작은 껍질 안에 있다가 나온 상태이므로 날개가 구겨지고 젖은 상태이고, 몸도 부드럽고 창백한 상태이지만, 날개를 말리고, 몸도 단단한 외골격을 갖추고 나면 우리가 알고 있는 진한 색깔의 매미로 변해요. 이후 한 달 내외의 삶을 살면서 짝짓기를 하고, 알을 낳은 후 생을 마감합니다.

매미는 소리를 어떻게 낼까?

우리가 흔히 듣는 매미 소리는 수컷 매미가 암컷 매미를 향해 보내는 구애의 신호로 알려져 있어요. 암컷은 수컷이 보내는 소리를 듣고, 같은 종의 수컷 가까이 날아가 서로 만날 수 있어요. 수컷 매미의 양쪽 날개 아래에는 키틴질 성분으로 되어 있는 얇고 단단한 막인 '진동막'이 배쪽으로 붙어 있고, 진동막에는 긴 막대 모양의 구조 여러 개가 세로로 배열되어 있어요. 몸통 내부에는 양쪽 옆구리 윗부분에 발음판이 있고, 두 발음판으로부터 배의 중앙을 향해 '발음근'이라는 큰 근육이 뻗어 있어요. 발음근이 수축하면 진동막의 모양이 변하면서 긴 막대 모양 구조들이 연달아 휘어지면서 소리를 내고, 이완할 때에도 다시 원래 모양으로 돌아가면서 소리를 내지요. 수컷 매미의 발음근 안쪽 몸통은 '공명실'이라고 부르는 텅 빈 구조로 되어 있는데, 음파가 이곳을 지나면 진폭이 증가하여 진동막에서 만들어진 소리를 20배 정도나 증폭할 수 있어요. 이렇게 수컷 매미가 소리를 내는 원리는 1990년대 말 영국과 호주의 연구팀이 레이저를 이용해 진동막을 정밀 측정하여 알아냈어요. 발음근은 1초에 300~400번 수축과 이완을 반복하며 진동막을 변형시키고, 발생

한 진동음은 공명실에서 증폭된 후 배가 부풀어 올랐다가 줄어들면서 벌어지는 틈을 통해 밖으로 나가게 됩니다. 이때 몸통 양 옆의 고막을 덮었다 열었다 하면서 소리를 추가로 조절할 수 있어요.

말매미의 소리를 분석한 2004년 국립생물자원관 연구에 따르면 말매미가 만들어 내는 진동파의 압력인 음압이 초기의 약 3초 동안 급격하게 커지다가(상승부) 15초가량 거의 일정하게 유지되고(유지부), 다시 약 2초 동안 소리가 줄어드는(감쇠부) 패턴을 보인다고 해요. 매미가 배 끝을 들어 올려 고막과 배판 사이 틈을 벌리는 동안이 상승부, 벌린 틈으로 소리를 계속 내보내는 과정이 유지부, 다시 꼬리 쪽을 내려서 틈이 좁아지는 때가 감쇠부에 해당해요. 그래서 쏴아아아아아르— 하는 소리가 서서히 커지다가 갑자기 멈추기를 반복하는 말매미 소리가 우리에게 들리는 것이지요.

그럼 소리를 내지 못하는 암컷의 몸통 내부는 어떻게 생겼을까요? 암컷은 소리를 내기위한 구조 대신 알을 품었다가 낳기 위한 산란기관이 그 자리를 채우고 있어요. 배 쪽 끝에는 나무 줄기 내부에 알을 낳을 수 있도록 하는 산란관이 뾰족하게 나와 있어요.

매미 자신은 안 시끄러울까?

*

보통 7~8월 도심에서 가장 많이 들을 수 있는 말매미와 참매미 한 마리가 내는 소리는 70~90데시벨dB에 달하는데, 이는 커다란 자명종 소리나 진공청소기 소리, 열차 소리의 크기 등과 비슷하다고 해요. 이렇게 큰 소리를 내는데 수컷 매미 자신의 청각은 괜찮을까요? 수컷의 청각기는 고막과 연결된 주머니에 들어 있어서 소리를 내는 중에는 듣지 못한다고 해요. 또한 소리를 들을 수 있는 가청주파수 범위가 사람과 달라 우리에게 소음으로 들리는 소리가 매미에게는 들리지 않을 수도 있다고 해요. 『파브르 곤충기』로 유명한 곤충학자 파브르Jean-Henri Fabre는 매미가 소리를 들을 수 있는지 궁금하여 당시 시청 축제에 쓰는 대포를 매미 바로 근처에서 발사해 보았지만, 매미는 전혀 영향을 받지 않고 계속 소리를 냈다는 일화도 있어요. 하지만 매미의 소리(참매미와 말매미의 경우 4,000~6,000헤르츠)는 사람의 가청 주파수 영역인 20~2만 헤르츠 범위 내에 해당하기 때문에 우리에게는 큰 소음으로 느껴지는 것이지요.

한 마리의 매미가 소리 낼 때도 있지만 주변에 여러 마리가 있는 경우 합창하는 것을 관찰할 수 있어요. 함께 소리 내면 같은 종의 암컷에게 더욱 크고 명확한 신호를 전달할 수 있으면서 주변의 천적에게 자신의 위치를 노출시킬 위험을 줄일 수 있다는 이점이 있지요. 국립생물자원관이 2014년 발간한 한국 매미 소리 도감에 따르면 매미의 소리는 생태와 시간대에 따라 크기와 주파수가 다르다고 해요. 참매미는 보통 오전 4~9시 사이에 맴맴매앰— 하는 일정한 리듬으로 소리 내고, 말매미는 오전 8시~오후 2시 사이에 쐐아아아아아르— 하고 보다 강한 소리를 냅니다. 매미는 보통 암컷이 찾아오기 쉽도록 밝고 기온이 높은 낮 동안 소리를 내는데, 도시는 밤이 되어도 여러 광원들로 인해 환하고, 열섬 현상 때문에 높은 기온이 유지되기 때문에 밤늦게까지 매미 소리가 들려요.

4

생물의 감정과 생태

#감정을 표현하는 방법,
동물의 의사소통

동물도 표정·소리·몸짓으로 감정을 표현할 수 있습니다.
최근에는 개와 돼지의 감정을 분석하고,
동물의 감정상태가 발생에 미치는 영향도 알아냈어요.
이러한 연구는 축산업에서의 동물 복지와 질병 방제, 야생동물 보존 등
다양한 분야에서 폭넓게 활용될 수 있습니다.

우리는 자신의 감정과 생각을 표현하기 위해 어떤 방법을 사용할까요? 우선 말을 하거나 글을 쓰는 언어적 방법을 이용할 수 있어요. 언어적 인간이라는 뜻의 '호모 로퀜스<i>Homo loquens</i>'라는 말이 있듯이 언어는 지구상의 다양한 생물 중에서도 인간이 유일하게 갖는 특징이라고 알려져 있어요. 그럼 다른 동물들은 어떻게 자신의 감정을 표현하고, 소통할까요? 동물의 감정을 알기 위한 연구는 왜 필요할까요?

동물도 의사소통, 감정표현을 한다!

*

2022년 국제학술지 《사이언티픽 리포트》에는 개의 감정표현에 관한 연구가 발표되었어요. 이탈리아 연구팀은 반려견과 생활하는 426명을 대상으로 친구 개가 사망했을 때 반려견이 나타낸 행동 변화를 조사했어요. 그 결과 약 86%의 반려견이 친구의 사망을 겪기 전보다 먹기, 놀기, 자기 등의 활동이 줄어들고, 자주 짖는 등 부정적인 행동이 증가했다고 해요. 연구팀은 이러한 결과가 친구의 죽음에 대한 공포나 슬픔 등 부정적인 감정을 표현하는 것이라고 분석했어요.

동물은 감정을 표현하거나 소통하는 데 표정과 행동을 비롯해 소리, 빛, 화학물질 등을 이용한다고 해요. 이런 신호는 시각, 청각, 피부감각, 미각, 후각으로 감지될 수 있지요. 이 중에서도 소리는 어둡거나 장애물이 많아 시야가 가리는 환경에서도 잘 전달될 수 있고, 전달 속도가 빨라 즉각적이라는 장점을 가진 의사소통 수단이에요. 하지만 동물이 소리를 내기 위해서는 체내에 발성을 위한 특정 기관을 가지고, 그 부위를 진동시켜서 파동을 만들어 내야 해서 에너지를 써야 한다는 단점이 있어요. 에너지를 지불해야 하는 비싼 의사소통 수단인 셈이지요. 소리를 이용해서 소통하는 동물로는 사람을 비롯하여 개, 고양이, 코끼리, 쥐, 돼지, 고래 등의 포유류와 다양한 새들이 속한 조류, 개구리와 같은 무미목 양서류와 메뚜기목 곤충 등이 대표적이랍니다.

돼지는 어떤 감정을 느낄까?

✳

2022년에는 돼지가 내는 소리를 분석하여 감정 상태를 정확히 파악한 연구 결과가 발표되었어요. 연구팀은 덴마크와 스위스, 프랑스 등 유럽 6개국의 양돈장과 실험실에서 411마리의 돼지가 태어나서 도축될 때까지 내는 7,414개의 소리를 녹음한 다음 인공지능 프로그램을 이용해 분석했어요. 연구를 위해 우선 돼지의 생존에 부정적인 상황과 긍정적인 상황을 유형화했어요. 예를 들면, 스트레스를 받거나 사회적인 고립, 싸움, 죽음, 신체에 대한 물리적 통제를 겪는 상황 등은 부정적인 것으로, 어미와 떨어졌다가 다시 만나거나 다른 돼지들과 옹기종기 모이는 것huddling, 돌봄을 받는 것 등은 긍정적인 상황으로 판단했지요. 각 상황에서 내는 소리의 파동을 분석해 보았더니 행복이나 흥분을 느끼는 긍정적인 상황일 때는 대체로 길이가 짧고, 파동의 진폭 변화가 적은 소리를 냈어요. 주파수가 높았다가 낮아지는 단

조로운 꿀꿀 소리를 떠올리면 됩니다. 반면 부정적인 상황에서는 비명을 지르는 듯한 크고 높은 소리를 내거나 파동 진폭의 변화가 큰 꽥꽥에 가까운 소리를 냈다고 해요. 연구진은 이런 극단적인 감정 상황뿐만 아니라 장난감이나 먹이를 줄 때와 낯선 물체를 만났을 때, 자극이 없을 때 등 다양한 상황들에 돼지를 처하게 하고, 그때 내는 소리와 심장박동, 돼지의 행동도 분석해서 보다 미묘한 감정 상태도 정교하게 알아내기 위해 노력했어요. 그리고 수집한 데이터들을 인공지능 프로그램에 학습시켜 정확도가 무려 92%에 달하는 돼지의 감정 번역 알고리즘을 완성했지요. 이 알고리즘은 다른 포유류의 감정을 파악하는 데에도 이용할 수 있다고 해요.

언제 알을 깨고 나갈까?

✱

동물의 소리는 감정 상태 표현이나 의사소통뿐만 아니라 생장과 발달 상태에도 영향을 준다고 해요. 호주 디킨대학교에서 행동생태학을 연구하는 연구팀은 동물이 배아 상태일 때 소리에 반응한다는 것과 관련된 기존의 많은 연구 결과를 수집하여 분석했어요. 조류나 파충류, 양서류, 곤충 등 알을 낳는 동물은 알 속에 들어 있는 상태를 배아라고 하고, 새끼를 낳는 포유류의 경우에는 엄마의 자궁 안에 있을 때를 배아라고 하지요. 분석 결과 알을 낳는 동물들은 배아 상태일 때, 알껍데기 바깥에서 들리는 소리와 진동을 통해 언제 부화하는 것이 가장 좋을지를 결정한다고 해요. 연구팀은 이를 직접 확인하기 위해 금화조를 대상으로 연구했어요. 금화조가 다른 개체와 함께 있을 때뿐만 아니라 혼자서 알을 품고 있을 때도 소리를 내는 것을 보고, 혹시 그 소리가 배아에 어떤 영향을 주는 것인지를 알아내기 위한 실험을 했지요. 연구 결과 알을 품고 있는 금화조 부모는 날씨가 매우 더울 때만 소리를 내고, 그 소리를 들은 배아는 발생단계를 느리게 조절해서 무더위를 피해 부화한다는 것을 알아냈어요. 너무 더운 날씨에 부화되면 뜨거운 열기에 노출된 새끼의 생존이 어려울 수 있기 때문에 부모의 소리는 새끼의 안전한 부화와 성장을 위한 메시지가 됩니다. 연구팀은 이러한 결과를 정리하여 2021년 국제학술지인 《생태 및 진화 흐름 Trends in Ecology & Evolution》에 발표했어요.

물고기도 소리를 들을 수 있을까?

❋

육지에 사는 동물들뿐만 아니라 물속에 사는 어류나 고래에게도 소리를 중요한 의사소통 수단이에요. 겉으로 드러나 있는 귀가 없어 자칫 소리를 듣지 못한다고 생각하기 쉽지만, 청각은 어류에게 정말 중요한 감각기관이라고 해요. 물속에서 소리는 공기 중에서보다 5배나 빨리 전달되고, 더 멀리까지 전파되기 때문이에요. 어류의 머리 양쪽에는 내이에 연결된 작은 구멍이 있어서 물속에서 전해지는 소리를 들을 수 있어요. 두개골 속에 있는 내이에는 이석이라고 부르는 단단한 석회질 돌이 들어 있어요. 이 돌로 물고기의 나이도 알아낼 수 있답니다. 또한 물고기가 물속에서 위아래로 이동

하는 것을 돕는 공기주머니인 부레와 몸의 옆면에 있는 측선도 진동을 감지하여 내이로 전달해 준다고 해요. 2022년 연구에 따르면 어류의 3분의 2가 소리를 이용해 짝짓기, 먹이 탐색, 영역 지키기, 자신의 존재 알리기 등을 목적으로 의사소통을 하고 있으며, 어떤 종들은 소리를 이용해온 지 최소 1억 5,500만 년이나 된 것으로 추정된다고 해요.

동물의 감정을 알아야 하는 이유

*

개와 돼지, 새, 물고기 이외에도 다양한 종을 대상으로 동물의 소리를 분석하는 연구가 활발하게 이루어지고 있어요. 동물의 소리를 분석하는 것은 단순히 동물 자체에 대해 더 잘 알 수 있는 것뿐만 아니라 다양한 영역에 이용할 수 있어요. 동물의 건강 상태와 질병 여부를 파악하여 동물복지나 축산업에 이용할 수 있으며, 구제역과 같은 전염병에 대해 더 효과적으로 대처할 수 있다고 해요. 또한 멸종위기동물의 개체 수와 서식지를 파악하고, 불법적인 밀렵을 감시하는 등 보호하는 데에도 사용할 수 있고, 기후변화나 환경오염 등이 생태계에 미치는 영향을 연구하는 데에도 중요하게 이용될 수 있다고 합니다. 나아가 동물에서 얻은 데이터를 이용하여 사람의 약물중독이나 행동치료에 관한 연구에도 응용할 수 있는 가능성이 열려 있다고 해요.

#춤으로 전하는 메시지, 꿀벌

꿀벌은 몸을 8자나 원형으로 흔들며,
동료에게 꽃의 위치와 꿀 정보를 정교하게 전달하는 춤을 춥니다.
이러한 움직임은 꿀벌 집단이 효율적으로 먹이를 모으는 데 도움을 주고,
생태학 연구에도 유용한 통찰을 제공합니다.

겨울의 끝자락에서 낮 동안 온화한 날씨가 이어지면 봄을 준비하는 식물들의 모습이 눈에 띕니다. 이와 더불어 매화, 풍년화 등 이른 시기에 개화한 꽃들 사이로 날아다니며 꿀을 모으는 꿀벌의 활동도 시작되지요. 2020년 미국 미네소타대학교 연구진은 꿀벌들이 주변에 피어 있는 꽃의 정보를 동료에게 굉장히 구체적으로 전한다는 것을 알아냈답니다. 그러면 꿀벌은 어떻게 정보를 전하고 서로 의사소통할까요?

꿀벌에게 중요한 정보

*

　분류학적으로도 꿀벌과에 속하는 꿀벌은 꽃에서 꿀과 꽃가루를 모으는 대표적인 곤충이에요. 잔털이 많은 작은 몸으로 꽃가루를 모아서 뒷다리에 동그랗게 공처럼 붙이고, 꿀은 삼켜 보관하면서 이 꽃 저 꽃 옮겨 다니는 모습이 우리에게 친숙한 봄의 대표 곤충이기도 하지요. 꿀벌이 꽃을 옮겨 다니는 과정에서 식물의 수술에 있는 꽃가루가 꿀벌의 몸에 묻고, 이 꽃가루가 다른 꽃의 암술에 묻는 수분이 일어나는데, 이런 과정으로 수정하여 번식하는 꽃을 충매화라고 해요.

　꿀벌은 보통 한 마리의 여왕벌을 중심으로 수많은 개체가 모여 집단생활을 하고, 집단 내에서 분업이 잘 이루어져 있어요. 알을 낳아 집단을 형성하는 여왕벌과 번식을 위해 정자를 제공하는 수벌, 그리고 여왕벌과 알, 애벌레를 돌보고, 벌집을 만들어 유지하며 꿀과 꽃가루를 채집하는 등 많은 일을 담당하는 일벌이 대표적이지요.

　열심히 모은 꿀과 꽃가루는 함께 살아가는 벌들과 애벌레의 먹이가 되고, 한 해 동안 열심히 비축해서 다 같이 겨울도 보내야 하므로 일벌의 채집활동은 매우 중요합니다. 따라서 야생에서 살아가는 꿀벌에게는 어느 위치에 어떤 꽃들이 얼마나 피어 있는지를 아는 것이 생존에 영향을 주게 되지요. 일벌의 개체 수는 많지만, 많은 일벌이 무작정 꽃을 찾아 나섰다가는 아무것도 얻지 못하고 체력과 식량만 소모하거나 길을 잃고 위험에 처하게 될 수도 있으니까요.

꿀벌은 춤으로 말한다

*

1900년대에 활동한 오스트리아의 과학자인 카를 폰 프리슈 Karl von Frisch는 꿀벌들의 움직임에 특별한 규칙이 있다는 것을 발견합니다. 1914년 그는 설탕 시럽이 담긴 작은 접시 밑에 색종이를 깔고 벌이 색을 구분할 수 있는지 알아보는 실험을 합니다. 이 실험을 시작으로 꿀벌이 흰색과 노란색, 파란색, 보라색을 다른 색과 구별할 수 있고, 태양의 위치와 하늘에서 산란된 빛의 편광 패턴, 자기장 등을 이용해서 꽃이 피어 있는 장소를 정보로 인식할 수 있다는 것이 알려졌어요. 그리고 더 놀라운 사실은 이 정보를 동료들에게 전달한다는 것이었어요.

프리슈는 꿀을 발견한 벌의 모습을 꾸준히 관찰해서 벌들이 정보를 전달하는 패턴을 분석해 냈어요. 우선 실험을 위해 수백 마리의 벌을 준비하고, 각 벌의 등에 여러 가지 색깔의 페인트로 작은 점들을 찍어 구분할 수 있게 한 후 벌들의 행동을 관찰했습니다. 소수의 정찰벌이 다른 벌들보다 먼저 나와 주변을 탐색하여 꿀을 발견하고 다시 벌집에 돌아가면 다른 일벌들도 밖으로 나와 그 장소로 몰려가 채집을 시작하는데, 그 과정에서 정찰벌이 다른 벌들에게 꿀이 있는 위치를 전달하는 방법이 바로 춤이라는 것을 알아냈지요. 정찰을 마치고 벌집으로 돌아온 정찰벌이 일벌들 앞에서 자신이 발견한 꽃의 꿀을 뱉은 뒤 그 꽃이 있는 곳을 설명하는 방식이었어요. 꽃이 있는 방향과 거리에 따라 원을 그리며 움직이는 원형춤이나 꼬리를 흔들며 8자 형태로 움직이는 흔들춤을 추고, 춤의 속도나 회전 방향 등을 조절하여 더욱 세부적인 정보를 전달한다는 것도 알아냈어요. 예를 들어 정찰에서 돌아온 벌이 민들레꽃의 꿀을 한 방울 뱉어놓고 원형춤을 춘다면 민들레는 벌집에서 50~100미터 이내의 멀지 않은 곳에 있다는 뜻이에요. 하지만 만약 민들레가 그보다 더 먼 곳에 있다면 정찰벌은 흔들춤을 추게 됩니다. 흔들춤을 출 때에는 태양의 위치를 기준으로 꽃이 있

는 곳의 각도만큼 틀어서 짧게 전진한 후 오른쪽으로 반원형으로 돌고 다시 제자리로 돌아와 왼쪽으로 반원형으로 도는데, 꽃까지의 거리가 멀수록 전진할 때 꼬리를 좌우로 흔들흔들 진동하지요. 심지어 꼬리로 춤을 추는 시간은 꽃이 있는 곳까지의 거리에 비례한다고 해요. 프리슈는 꼬리춤 1초가 약 1킬로미터 떨어져 있다는 것을 뜻한다는 것도 알아냈어요. 그리고 이 모든 연구에 대한 공로로 1973년 노벨생리의학상을 수상했습니다.

꿀벌의 춤은 얼마나 정교할까?

＊

꿀벌의 의사소통 연구는 프리슈 이후에도 많은 과학자들에 의해 계속 진행되었습니다. 2020년, 미국 연구진은 2015년부터 3년 동안 넓은 대초원에 꿀벌 두 집단을 서로 다른 위치에 놓고 행동을 분석한 결과를 학술지 《플로스 원 PLOS ONE》에 발표했어요. 연구 결과 꿀벌의 흔들춤을 1,528가지로 구별할 수 있었고, 이 동작들은 마치 자동차 내비게이션처럼 꿀이 있는 곳까지의 상세한 이동 경로와 그 꿀이나 꽃가루의 상대적인 가치까지도 담고 있다는 것을 알아냈어요. 즉 벌들이 기존에 알려져 있던 것보다 훨씬 다양하고 구체적인 정보를 서로 전달한다는 것을 알게 된 것이지요. 또한 1년 중 다른 시기보다도 채집활동이 거의 마무리되어 가는 늦여름과 가을 무렵에 꿀과 꽃가루를 찾기 위한 춤의 비율이 크게 증가하는 것과 대초원에 서식하는 식물 중에서도 벌들이 그 지역 고유종에서 채집하는 것을 보다 선호한다는 것도 밝혀냈어요.

　꿀벌은 우리에게 꿀과 밀랍, 프로폴리스 등 다양한 자원을 제공해 줄 뿐만 아니라 식물의 수분을 매개하여 생태계에 매우 중요한 역할을 담당하고 있어요. 하지만 기후변화와 환경오염, 벌을 해치는 바이러스의 확산, 식물군락의 감소 등으로 인해 전 세계적으로 그 수가 심각하게 감소하고 있어 2035년에는 꿀벌이 멸종할 수도 있다는 예측이 나오기도 했습니다. 2016년 자료에 따르면 우리나라도 전년 대비 벌의 수가 10.8%나 감소했다고 하고요. 꿀벌의 행동과 소통에 관한 연구 결과는 꿀벌이 선호하는 환경을 조성할 수 있는 정보를 주기 때문에 꿀벌 보호에 도움을 주고 있답니다. 사람뿐만 아니라 다른 생물들의 소통방식을 이해하는 것이 결국 함께 공존하는 방법이 되는 셈이지요.

생태계 #교란이 던지는 경고, 왕우렁이

왕우렁이는 친환경 제초 목적으로 도입됐지만,
왕성한 번식력과 식성으로
국내 생태계 교란종 후보에 올라 있습니다.
특히 기후변화로 확산 범위가 넓어질 전망이라,
철저한 관리가 필수적이라는 경고가 나오고 있습니다.

2019년 환경부는 왕우렁이 *Pomacea canaliculata*를 비롯한 6종의 생물을 생태계교란생물로 지정하기 위한 고시를 입법예고했어요. 농약을 대신해 잡초를 제거하는 역할로 농가에서 널리 이용되어 왔던 왕우렁이에게 무슨 일이 있었던 것일까요?

왕우렁이는 어떤 생물일까?

왕우렁이는 달팽이, 오징어와 같은 연체동물에 속해요. 크고 단단한 껍질이 사과를 닮아서 영어 이름은 'apple snail'이지요. 우리나라의 토종인 논우렁이에 비하면 매우 둥글고 큰 껍질을 가지고 있어서 왕우렁이라는 이름을 갖게 되었어요. 논우렁이는 상대적으로 껍질 끝부분이 뾰족한 형태를 띠고 있거든요. 남미와 아프리카, 동남아시아 등 주로 열대지방이 원산지인 외래종이지만, 1983년 식용을 목적으로 우리나라에 도입된 이래 1992년 논의 잡초를 제거하는 데 이용하기 시작하면서 우리나라에서도 흔히 관찰되는 생물이 되었답니다. 잡식성이면서 식욕이 왕성하여 물속에서 수초, 곤충, 물에 사는 동물의 사체, 곡물류 등을 잘 먹는 특성을 이용해서 논에 왕우렁이를 도입하기 시작한 것이지요.

과거 화학비료와 농약의 과다 사용으로 인해 환경오염과 농약 잔류 등의 문제가 나타나면서 지속 가능한 농업을 위한 친환경농법이 1990년대부터 장려되기 시작했어요. 친환경농업에서 중요한 문제 중의 하나가 바로 잡초방제 기술이에요. 친환경 안전 농산물 재배지에서는 화학 제초제를 쓸 수 없어 잡초로 인한 수확량 감소가 매우 크게 나타났거든요. 그래서 이에 대한 해결책으로 쌀겨나 오리, 왕우렁이 등을 이용한 잡초 제거가 주목받기 시작했어요. 그중에서도 왕우렁이 농법은 물속에 잠긴 생물들을 열심히 먹어치우는 왕우렁이의 습성을 이용해서 수면 아래에서 발아하는 잡초를 없애는 방법이에요.

왕우렁이는 알에서 부화하여 약 50~60일이면 번식이 가능한 성체로 되고, 수명은 2~6년으로 알려져 있어요. 아가미로만 호흡하는 논우렁이와는 달리 아가미와 폐로 호흡할 수 있어서 물속과 수면 위에서 모두 생활할 수 있고, 알을 낳을 때는 물속이 아닌 수면 위로 올라온 식물의 줄기, 말뚝, 돌 등 물에 잠기지 않는 곳에 낳지요. 하나의 알주머니에 보통 500~1,200개에 달하는 분홍색 알을 낳는데, 부화율이 80%일 정도로 번식이 매우 빠른 것이 특징이에요. 산란 이후 알들은 점점 단단해지면서 색깔이 진해졌다가 10~14일이 지나면 새끼 왕우렁이가 부화하게 되지요. 반면에 논우렁이는 알을 몸속에 품고 있다가 부화한 새끼 우렁이(치우렁이) 상태로 낳게 됩니다.

왕우렁이의 암컷의 껍질은 안쪽으로 굽은 모양이며 오목한 덮개 뚜껑을 가지고, 수컷은 바깥쪽으로 굽은 껍질과 볼록한 형태의 덮개 뚜껑을 가지고 있어요. 20~33도의 수온 범위에서 잘 자라고, 수온이 2도 미만으로 떨어질 정도로 날씨가 추워지면 논의 물웅덩이, 용수로나 저수지 아래 땅속이나 수중에서 월동한답니다.

왕우렁이는 흐르는 물보다는 정체되어 있는 물을 좋아하고 유기물이 많은 논, 용수로, 늪, 저수지, 호수 등에 서식해요. 왕우렁이가 서식하는 환경 특성을 조사한 2002년의 연구에 따르면 염농도와 화학적 산소요구량이 높아도 영향받지 않고, 오염된 담수에서도 잘 적응한다는 것이 밝혀졌어요. 산소가 부족한 환경에서도 6개월 이상 생존이 가능할 정도로 생명력이 강하지요. 2018년의 연구에서는 왕우렁이가 서식할수록 물속에 총용존 고형물Total Dissolved Solids, TDS이 유의미하게 증가하는 것이 관찰되었어요. 총용존 고형물은 물에 녹아 있는 고형물의 총량을 의미하는데, 연구자들은 이러한 원인을 왕우렁이가 활동성이 높고, 먹이 섭식이 왕성하여 배설물이 많기 때문으로 분석하였습니다.

왕우렁이는 생태계 교란종일까?

생태계 교란종은 생태계에 큰 위해를 주는 생물로 외국으로부터 유입되었거나 유전자 변형 생물체 중에서 생태계의 균형에 교란을 가져오거나 가져올 우려가 있는 생물이 이에 해당합니다. 현재 우리나라에는 뉴트리아, 황소개구리, 꽃매미, 돼지풀 등이 생태계 교란 생물로 지정되어 있지요.

쌀은 중요한 식량 작물이지만 잡초의 제약을 많이 받는 것으로 알려져 있는데, 왕우렁이는 벼의 친환경 재배를 위해 이앙 후에 논에 투입되어 왔으며, 투입 시기와 투입량의 조절을 통해 효과적인 제초를 할 수 있는 것으로 알려져 있어요. 특히 친환경 농법으로 이용되던 오리농법이 조류 AI 바이러스(조류인플루엔자) 유행 이후 타격을 받으면서 대안으로 더욱 널리 이용되어 왔지요. 하지만 우리나라에 서식하는 왕우렁이에 대한 2002년부터 2018년까지의 연구에 따르면 잡초 이외에 어린 벼를 섭식하여 농사에 피해를 주거나 논 이외에 주변 생태계로 유출되어 생태계를 파괴하는 등의 문제를 일으킬 수 있다는 연구 결과가 지속적으로 나타나고 있답니다.

왕우렁이는 식물은 물론 곤충과 동종을 비롯한 수중동물 등 다양한 생물을 섭식하는 잡식성이에요. 왕우렁이의 왕성한 식욕은 논의 잡초를 제거하는 데 효과적이지만, 잡초만이 아니라 어린 벼의 뿌리와 잎까지도 섭식하게 되어 오히려 피해가 있기도 합니다. 「왕우렁이에 의한 벼의 가해 상태 연구(2002)」에 따르면 왕우렁이는 크기에 관계없이 어린 싹을 모두 가해하였고, 크기 3.6센티미터 이상의 왕우렁이는 이앙 후 45일 된 벼까지도 가해하는 것으로 나타났어요. 벼가 어릴수록 피해가 심각해서 이앙 시기인 10센티미터 전후에서는 93.6% 이상을 가해하였고, 40% 이상이 되면 가해 정도가 93.6% 미만으로 급격히 감소했어요. 이 연구로 왕우렁이에 의한 벼 피해는 주로 이앙 직후부터

20센티미터 전후에 가장 큰 것을 알 수 있었지요.

왕우렁이 밀도가 높아지면 그만큼 많은 생물을 잡아먹게 되기 때문에 생물 종 감소가 일어나고, 많은 배설물 등으로 인해 조류가 증가하여 물의 탁도가 높아져서 짧은 시간 내에 해당 지역의 생태계에 위해를 줄 수 있다고 해요. 농사의 목적으로 왕우렁이를 이용하기 위해서는 논 바깥으로 이탈하는 것을 방지하기 위한 촘촘한 망 등의 시설을 잘 갖추고 관리해야 하는데, 그렇지 못하고 유출될 경우 빠른 번식력과 왕성한 식욕 및 대사능력으로 인해 생태계를 파괴할 가능성이 매우 높을 수 있다는 경고 메시지가 국내외의 여러 연구에서 지속적으로 제기되어 왔어요.

왕우렁이 도입 초기에는 양식장의 외부 차단 관리시설 미흡이나 배수와 홍수 등에 의한 양식장 붕괴 때문에 주로 방출되었습니다. 왕우렁이 농법으로 논에 도입되기 시작하면서 논에 남아 있거나 주변 논과 용수로 등을 통해 주변 생태계에 확산된 것이지요. 2007년에는 남부지방에서 왕우렁이가 수로나 저수지 등에서 월동하여 담수직파재배지에서 약 20% 정도 피해가 발생한 것이 보고된 바 있으며 이후에도 양식 또는 논 잡초 제초용으로 논에 뿌려지는 과정에서 용수나 저수지로의 유출이 매년 전국 각 지역에서 이루어지고 있다고 해요.

이런 사례는 외국 연구에서도 찾아볼 수 있어요. 1989년 일본

규슈 지역 8개 현에서 왕우렁이가 야생화되어 논을 점령하고 벼 피해를 발생시키는 등 환경생태계에 심각한 영향을 주었고, 파나마 지역에서는 1980년대 말 특정 호수에서만 발견되던 왕우렁이가 빠른 속도로 번성하여 1994년 전국의 호수로 확산되어 야생 서식하는 것이 관찰되었습니다. 그 밖에도 대만, 필리핀, 브라질, 콜롬비아, 볼리비아, 베네수엘라 등의 나라에서도 벼의 대량 피해사례가 보고되었어요. 그래서 국제자연보전연맹ICUN에서는 왕우렁이를 세계 100대 최악의 침입외래종 중 하나로 선정하기도 했지요.

유럽에서 침투외래종IAS이 환경에 미치는 영향을 평가하기 위한 표준화되고 포괄적인 절차를 공동 개발하고, 이것을 왕우렁이에 적용하여 분석한 2017년의 연구에서는 왕우렁이가 스페인에서 쌀 생산과 습지 환경에 심각한 위협을 주고, 유럽의 다른 습지로 퍼져나갈 위험성이 높다는 것이 규명되었어요. 왕우렁이 개체군 풍부도에 대한 생태계 저항성과 탄력성, 위해종 관리 등의 영향을 5년의 단기 추정과 30년의 장기 추정해 본 결과 왕우렁이는 특히 수심이 얕고 대형수생식물이 많은 생태계에 큰 영향을 주었다고 해요.

함께 잘 지내기 위한 관리

❋

왕우렁이 투입 시기와 투입량에 관한 연구에 따르면 농사에 왕우렁이를 투입하는 시기와 물 관리도 매우 중요하다고 해요. 10아르a(10아르는 1,000제곱미터)의 면적당 왕우렁이 5킬로그램을 투입하여 잡초방제 효과를 실험해 보았더니 이앙 후 5일 투입에서는 98%, 10일 투입에서는 89%, 15일 투입에서는 58%로 나타났어요. 이렇게 투입 시기가 늦어질수록 잡초방제 효과가 떨어져서 왕우렁이를 더 많이 넣어야 하고, 잡초가 많이 발생하는 지역 역시 투입량을 늘려야 해요. 하지만 이 경우 벼 잎이나 새로 발생한 어린 벼의 뿌리에 피해가 커지기도 하고, 왕우렁이의 외부 유출로 인한 생태계 파괴 가능성이 더 심각해질 수 있어요.

또한 논에 물이 부족한 경우 왕우렁이 생활 적지에서는 잡초방제가 잘되지만 왕우렁이 이동이 저해되어 잡초섭식만이 아니라 벼 줄기도 먹어치우게 되고, 부적지에서는 왕우렁이가 활동을 못해 잡초가 발생하게 되어 역시 피해를 입을 수 있으므로 철저한 물 관리가 필요해요.

월동에 성공한 왕우렁이가 외부로 유출되는 일도 확산되고 있어요. 본래 우리나라는 사계절이 뚜렷하여 왕우렁이가 국내의 겨울 날씨에 적응하지 못하고 월동에 실패하는 경우가 대부분이어서 확산에 대한 경계가 적었는데, 서서히 적응하여 월동

가능성이 증가했고, 특히 최근 지구온난화 영향으로 겨울에도 따뜻한 기온 현상이 지속되는 일이 발생하면서 왕우렁이의 월동 서식 가능 지역이 점차 북상하고 있다고 하지요. 지구온난화의 발생에 따른 왕우렁이의 월동변화를 조사 및 예측한 연구에 따르면 2020년대에는 우리나라 면적의 45.5%, 2080년대에는 88.4%에 왕우렁이가 분포하게 될 것이라고 합니다.

왕우렁이가 생태계 교란종 후보에 오르게 된 것은 국립생태원의 위해성 평가 결과에 따른 것이라고 해요. 우리 주변에 유입되는 외래 생물들이 기존의 환경에 어떤 영향을 주는지에 대한 끊임없는 모니터링과 평가를 통해 생태계를 건강하게 보전할 수 있도록 많은 사람들이 노력하고 있어요.

#공존을 위한 해답,
아이 카우 프로젝트

아프리카 소에게서 인수공통전염병 해결의 실마리를 찾고,
야생동물과 소의 공존을 위한 방법도 모색합니다.
우리는 생태계에서 함께 잘 살아남기 위한 답을
계속 찾아가고 있습니다.

　소는 농경문화에서 전통적으로 중요하게 여겨졌던 동물이면서, 근면함과 풍요로움의 상징이었어요. 그래서인지 2020년 연말 국토지리정보원에서 발표한 자료에 따르면 우리나라의 고시 지명 중 소와 관련된 지명은 총 731개나 된다고 해요. 전국 각지에서 마을이나 섬, 산의 이름 등에 다양하게 쓰이고 있다고 하니 소가 우리의 삶에 얼마나 가까운 존재였는지 알 수 있죠.

아프리카 소와 아시아 소가 만나면

*

소는 개에 이어 인류역사상 두 번째로 가축화된 동물로, 신석기 시대인 기원전 약 6000~7000년부터 전부터 인류가 길들이고 사육해 온 것으로 추정하고 있어요. 소는 힘이 세서 농사를 짓거나 짐을 운반하는 데에 널리 쓰였으며, 유제품과 고기, 가죽, 뿔, 힘줄, 뼈 등을 얻을 수 있어 널리 길러지게 되었지요. 심지어 소의 배설물조차 비료나 땔감, 건축 재료 등으로 쓰여왔고, 투우나 로데오 등 스포츠 종목에서도 소를 이용하고 있으니 인류의 오래된 동반자라고 할 수 있겠네요.

소는 아시아 지역에서 사육되기 시작하여 아프리카와 유럽 등지로 퍼져나갔다고 해요. 2000년대 초의 자료에 따르면 지구상에는 약 14억 마리의 소가 있고, 그중 약 30%는 아시아에 서식하고 있으며, 아프리카와 남아메리카에는 각각 약 20% 정도가 서식하고 있는 것으로 추정되고 있어요. 아프리카 대륙은 굉장히 넓은 대륙인 만큼 지역마다 기후와 식생, 전염병 등의 조건이 다양해서 이에 적응하고 살아남은 소들이 진화해 왔는데, 그 결과 현재 아프리카에는 150여 종에 달하는 토착 품종의 소들이 서식하고 있다고 해요.

서울대학교 연구팀을 비롯한 아프리카와 유럽 6개국의 공동 연구진은 아프리카 소 45개 품종 330마리의 유전체를 분석하여 아프리카의 소들이 어떻게 진화해 왔는지를 8년 동안 연구해 왔어요. 아프리카 소의 진화와 토착 품종의 형성 과정은 매우 역동적으로 진행되었기 때문에 그 과정을 밝히는 것은 과학적으로 중요한 의미가 있었습니다. 또한 아프리카 소는 인간과 동물에게 수면병을 일으키는 병원균을 전달하는 흡혈파리(체체파리)의 공격을 견디며 진화해 왔기 때문에 이에 관련된 특징적인 유전자를 찾아낼 수 있다면 인수공통전염병을 해결할 수 있는 실마리도 찾을 수 있을 것으로 생각했지요. 연구 결과 약 1,300년 전 아시아의 인디커스 품종 Bos indicus의 소가 동아프리카로 유입되어 교배를 통해 유전적으로 섞였고, 이 소들이 아프리카 전역으로 퍼져나가 토착화되었다는 것이 밝혀졌어요. 연구팀은 또한 아프리카 소의 유전체에서 수면병에 저항하는 유전자와 그 밖의 특징적인 유전자들을 찾아내었고, 흡혈파리에게 강한 아프리카 소의 특성과 덥고 건조한 환경을 잘 견디는 아시아 소의 특성을 함께 가지는 생존력 강한 자손들이 만들어졌다는 것을 알아냈어요. 전체 연구 결과는 2020년 국제학술지인 《네이처 지네틱스 Nature genetics》에 발표되었고, 연구의 중요성을 인정받아 10월 호 표지논문으로 선정되기도 했답니다.

소를 지키는 엉덩이 그림

＊

 누구의 편도 들 수 없는 순간에 처해본 적 있나요? 아프리카에서 소를 둘러싸고 난감한 일이 일어났습니다. 소와 야생동물을 모두 지키기 위한 과학자들의 고민을 들어 주세요.

 아프리카남쪽에 위치한 보츠와나 지역에서 소를 대상으로 한 특별한 연구가 진행됐습니다. 소를 방목하며 기르는 보츠와나 주민들에게는 큰 고민이 있었는데 바로 굶주린 사자나 표범 등의 맹수들이 농가의 소들을 공격한다는 것이었어요. 궁여지책으로 주민들은 소를 공격하는 맹수를 총으로 쏘기도 했지만, 이 지역은 유네스코 세계유산으로 등록되어 야생동물을 보호해야 하는 지역이라 이것도 좋은 방법이 아니었어요.

 호주 뉴사우스웨일스대학교의 연구팀은 소와 사자를 모두 보호하기 위한 효과적이고도 재미있는 방법을 시도했어요. 바로 소의 양쪽 엉덩이에 눈 모양의 그림을 표시하는 방법이었지요. 연구팀은 포식자의 매복 특성에서 이 방법을 착안해 냈답니다. 많은 종의 포식자들은 사냥을 위해 매복하는 특성이 있는데, 대상에게 몰래 접근하여 갑자기 공격하는 전략이지요. 만약 공격 전에 사냥감이 자신을 발견해 버리면 흥미를 잃거나 사냥을 포기한다고 해요. 일부 피식자들은 이것을 역으로 이용하여 포식자를 일부러 응시하는 방식으로 사냥 대상에서 벗어나기도 한

다고 합니다. 연구팀은 보츠와나 소 14개 무리, 총 2,061마리를 세 그룹으로 나누어 한 그룹의 엉덩이에는 한 쌍의 눈 모양, 다른 한 그룹의 엉덩이에는 한 쌍의 X자 모양을 아크릴 페인트로 표시하였고, 나머지 한 그룹에는 아무것도 그리지 않았어요. 소의 털 색깔에 따라 흰색, 노란색, 검은색을 이용하여 최대한 눈에 잘 띄도록 표시하고, 4주마다 다시 표시하여 그림이 유지되도록 했어요.

'아이 카우i-cow 프로젝트'라고 이름 붙여진 이 연구는 약 4년 동안 진행됐어요. 그 결과 엉덩이에 눈 그림을 가진 소 683마리는 4년 동안 사자의 공격으로부터 모두 살아남았으며, X자 표시가 있는 소는 543마리 중 4마리, 아무 표시가 없던 소는 835마리 중 15마리가 사자와 표범으로부터 공격당해 사망한 것으로 나타났지요. 나비와 같은 곤충이나 어류 등의 동물들도 몸에 있는 눈알 무늬를 이용해 포식자로부터 벗어나는 경우가 있지만, 소와 같은 대형 포유류에서도 비슷한 효과를 나타낸다는 것을 처음으로 밝혀낸 연구였어요. 이 연구는 《커뮤니케이션스 바이올로지Communications Biology》에 발표되었습니다. 만약 모든 소들에 눈 무늬를 그려넣어 아무 무늬 없는 희생양이 사라진다거나 오랜 시간이 지나 사자가 소의 눈 무늬에 익숙해져 버리는 경우에는 결과가 어떻게 달라질지 알 수 없지만, 가축과 야생동물을 동시에 보호할 수 있는 간단한 방법을 제안한 연구로 인정받았답니다.

에필로그
끝나지 않은 보물찾기

　어린 시절 소풍을 가면, 매번 '보물찾기'를 했습니다. 찾아야 하는 보물이 선생님께서 여기저기 미리 숨겨두신 종이쪽지라는 것을 알고, 그 종이로 교환해서 받는 보물이 대부분 학용품이라는 것을 알면서도, 어딘가에 숨어 있는 대상을 궁금해하고 찾아가는 과정 자체가 늘 설레었습니다. 이 책 『생명의 언어들』에서 우리가 함께한 여정도 보물찾기에 비유할 수 있지 않을까요? 대신 우리가 찾은 보물은 학용품이 아니라 생명의 언어라는 차이가 있지만요.

　생명의 언어란 무엇일까요? 햇살과 바람에 반응하는 나뭇잎, 공기를 통해 전해 온 곤충과 새의 소리, 미생물들이 주고받은 화학적 메시지, 우리 몸 안에서 일어나는 물리·화학적 사건과 신호들, 수 광년을 지나온 별빛이 속삭이는 우주의 이야기까지. 이 모든 것은 각각 다른 모습으로 존재하지만, 모두 생명의 언어입니다.

이 책에서 우리는 공학, 물리, 화학, 지구과학, 생물학 등 다양한 과학 분야를 넘나들며 생명의 언어를 해독하는 단서들을 모았습니다. 공학의 눈으로 보면 생명의 언어는 자연의 원리를 모방해 새로운 기술을 만들거나 적용하는 과정에서 드러납니다. 어류의 움직임을 모방한 수중 로봇과 거미줄에서 배운 강한 인공섬유에서 우리가 찾은 것처럼요.

물리학과 화학을 통해 들여다보면 아주 미세한 곳부터 추운 극지방까지, 과거 지질시대부터 현재까지 생명의 언어가 어떻게 이어져 왔는지도 알 수 있었습니다. 우리의 몸 역시 생명의 언어로 가득한 공간입니다. 감각과 신경, 면역, 유전에 담긴 생명의 언어는 우리가 어떻게, 왜 이렇게 같고도 다르게 생겼는지 알려주고, 다음 세대로 전달되지요.

생명은 물리학의 법칙과 화학의 반응, 지구의 변화, 생물의 적응, 그리고 인간의 기술과 상상력까지, 모든 분야와 끊임없이 소통하며 존재해 왔습니다. 보물을 찾는 과정에서 만나는 다양한 단서들은 결국 서로 연결되어 하나의 거대한 이야기, 곧 '생명'이라는 이름의 서사로 이어집니다. 이제 마지막 페이지에 다다른 지금, 우리는 중요한 질문 앞에 서 있습니다. 과연 이 보물찾기는 여기서 끝나는 것일까요? 아니면 새로운 여정이 시작될까요?

사실, 생명의 언어를 찾는 보물찾기는 절대 끝나지 않습니다. 아직도 우리는 자연과 우주, 그리고 우리 자신 안에 얼마나 많은 미지의 언어와 신호가 숨어 있는지 다 알지 못합니다. 과학은 매일 새로운 단서를 발견하고, 공학은 그 단서들을 현실의 기술로 구현하며, 우리는 모두 각자의 방식으로 이 거대한 보물찾기에 참여하고 있지요.

하지만 이 여정이 계속되기 위해 우리가 반드시 기억해야 할 것이 있습니다. 바로, 이 보물이 숨겨진 '지도', 즉 우리의 지구와 생명 자체를 소중히 지키는 일입니다. 오늘날 우리는 기후변화, 생태계 파괴, 생물 다양성 감소와 같은 위기를 겪고 있습니다. 만약 우리가 이 소중한 지구와 그 안의 모든 생명을 지키지 못한다면, 생명의 언어라는 보물은 더 이상 찾을 수 없는 신기루가 되고 말지도 모릅니다.

이제 여러분의 차례입니다. 책장을 덮어도 생명의 언어는 언제나 우리 안과 밖에 있습니다. 아침에 마시는 한 잔의 물, 창밖을 스치는 바람, 길가의 작은 풀꽃, 밤하늘의 별빛, 이 모든 것 속에서 생명의 언어를 발견해 보세요. 여러분이 발견한 생명의 언어가 또 다른 누군가의 보물 지도가 될 수 있습니다. 여러분의 질문과 호기심이 이 위대하고도 소중한 탐험을 계속 이어가는 원동력이 되길 진심으로 바랍니다.

생명의 언어들

생명의 언어들
세포에서 우주까지, 안주현의 생명과학 이야기

초판 1쇄 찍은날	2025년 6월 11일
초판 1쇄 펴낸날	2025년 6월 26일
지은이	안주현
펴낸이	한성봉
편집	최창문·이종석·오시경·김선형
콘텐츠제작	안상준
디자인	최세정
마케팅	오주형·박민지·이예지
경영지원	국지연·송인경
펴낸곳	도서출판 동아시아
등록	1998년 3월 5일 제1998-000243호
주소	서울 중구 필동로8길 73 [예장동 1-42] 동아시아빌딩
페이스북	www.facebook.com/dongasiabooks
전자우편	dongasiabook@naver.com
블로그	blog.naver.com/dongasiabook
인스타그램	www.instagram.com/dongasiabook
전화	02) 757-9724, 5
팩스	02) 757-9726
ISBN	978-89-6262-662-9 03400

※ 잘못된 책은 구입하신 서점에서 바꿔드립니다.

만든 사람들

총괄 진행	김선형
편집	이동현
본문 일러스트	김경선
일러스트 도움	전서현·챗지피티
크로스 교열	안상준
디자인	페이퍼컷 장상호